U0157617

怪诞人体学

（英）斯蒂芬·盖茨　著

张　晨　译

辽宁科学技术出版社

·沈阳·

谨以此书献给

我了不起的爸爸埃里克·盖茨，

谢谢你让我成为一个好奇的人

目 录

第 1 章　你好

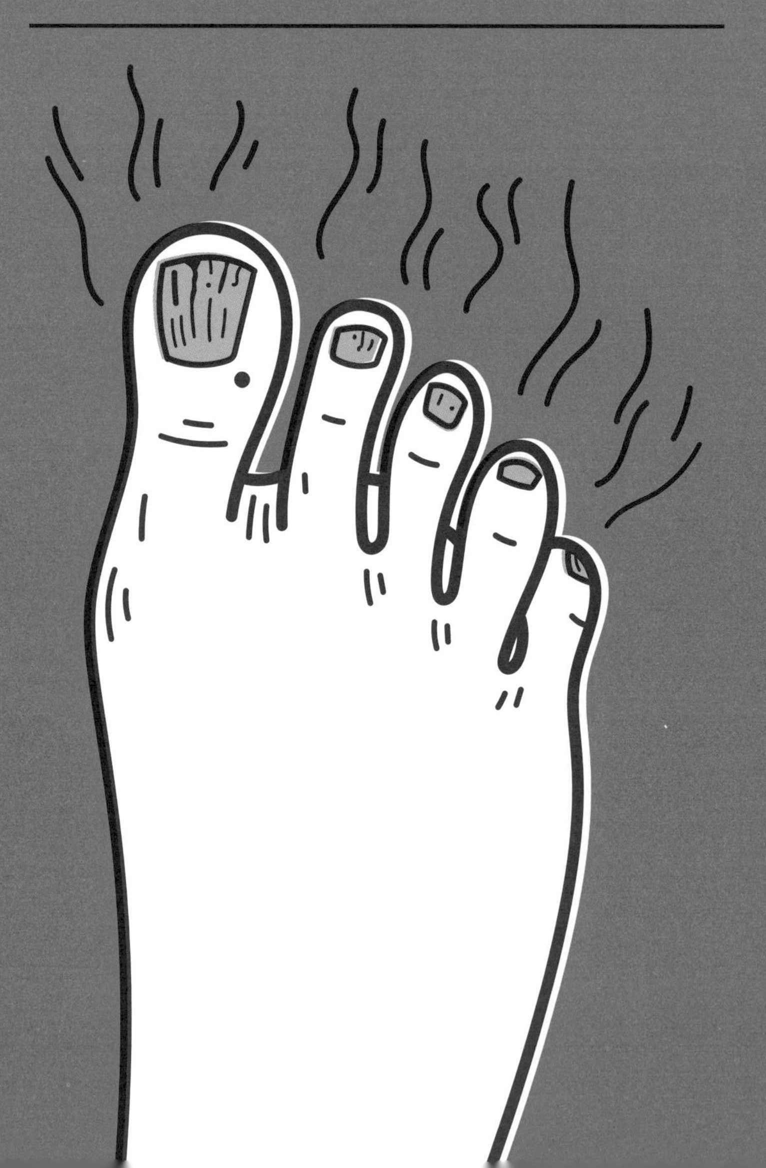

1.01 你好，美丽的人类

欢迎来到脆沙沙、黏糊糊、闹哄哄、疙疙瘩瘩、难闻巴拉但绝对充满活力的属于你的科学世界。我们从小就被教导要对自己的生理特征和身体的古怪感到羞耻，但羞耻感是社会用来让我们固守本分、限制幸福、抑制野心的武器。是时候反抗暗中作乱的种种尴尬并爱上我们的身体了。爱上你的青春痘，你的体味，你的疣和脓液，你的屁和臭脚，你渗出的各种黏液，以及不断从你身体上脱落的痂、皮屑和疥疮。

这本书赞美你的不完美和古怪，疖子和皱纹，也歌颂那些发生在你身边的属于微生物和寄生虫的陌生世界。我相信你长着好看的脸、漂亮的手指、恰到好处的头发和无瑕的皮肤，但这些表面特征只是经由命运、基因和时尚趋势那无常的手短暂地赋予你的。对于那些让你真正有趣的事情而言，它们是一种干扰。正是那些古怪的部分，那些不完美的部分，那些诗人没有写到的部分，让你成为一个复杂、独特、多维度、不完美而又如此完美的个体。毕竟，如果没有屁、呕吐物、斑、脓液和尿液，你根本就活不下去。

本书英文原名为*rude science*。rude原意为粗鲁，确实，人体的很多机能提起来不勉让我们非常尴尬，但实际上将我们的任何生理机能描述为“粗鲁”就像说“物理很生气”一样荒谬。生物学和我的小屋一样，没有道德标准和任何分寸，它也不在乎你喜不喜欢——它就是这样。我在这本书中跟大家讨论了很多平时让我们羞于启齿的人体问题，目的不是让大家感到尴尬，而正好相反——我想让我们大家从尴尬中解脱出来，这样，我们就能开始看到内在的美。

我们为自己无法控制的生理事实感到羞愧——这是悲剧，也是人性使然。但如果我们能更坦率地讨论这些问题，也许我们就会更加坦然。我们可能会意识到，没有所谓的反常，只有奇妙的差异。我不指望每个人都能马上在晚餐时间讨论布里斯托粪便图表，但也许这本书会在正确的方向上提供一点儿帮助。如果这本书有可能帮助我们加深一点儿对自己和他人的爱，难道不值得一试吗?

我没有在这本书里详细地探讨疾病的非凡世界，因为在这方面已经有很多优秀的书籍了。而且，我的主要目的是让我们对自己身体所做的普通事情不那么尴尬，大多数图书都没有对这个话题加以探讨。我研究的病症主要是绝大多数人都可能会经历的，如痤疮、结痂、脓肿和疣。虽然这些问题通常都是小问题，但在当时它们可能会被认为是大问题——因为我们一直被告知，这些问题在“上流社会”是不受欢迎的。现在该把皮疹的问题拿上台面了。

所以，尽管我们所有人——包括我在内——对某些事情感到尴尬和反感，但事实是，那只是我们还没能友好相处的科学。

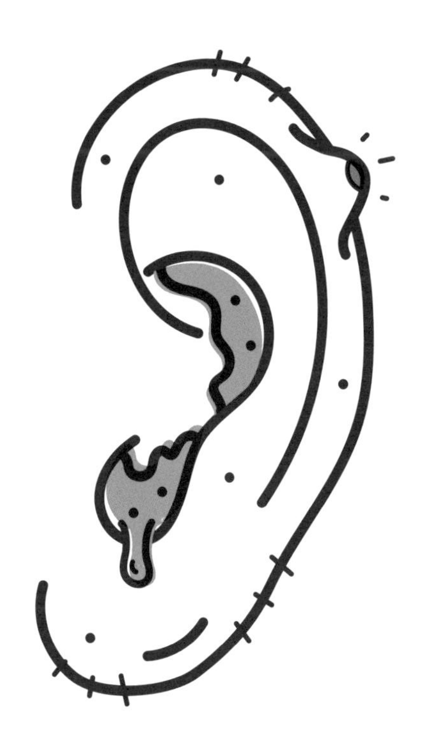

医学小提示

显而易见，本书的任何内容都不应该被当作医学建议。如果你对自己的健康有任何担忧，你应该咨询的是医生，而不是奇奇怪怪学家。

1.02 特别的你

7 000 000 000 000 000 000 000 000个原子打包成37.2万亿细胞，组成你漂亮的身体袋子。它们被精心组装，然后被无情地分解和重组，按照你那独特的基因蓝图的计划，变成你的形状。我们各不相同，这意味着在过去5万年里生老病死的，与你的DNA 99.5%相同的1000亿人中，我们每个人都是最特别的。

你的身体是一个繁忙的化学实验室，通过数万亿次极其复杂的化学反应，夜以继日地从你吃喝的营养物质中疯狂地合成（建造）和异化（分解）各种果汁、气体、蛋白质、碳水化合物、脂肪和细胞。多个反应可以在同时发生。事实上，你的各类细胞中的大多数都在频繁替换，以至于你身体的年龄平均只有15岁。在你体内运转的这个巨大的生化反应工厂被统称为新陈代谢，全部由你的DNA计划和控制。DNA包含构建蛋白质的代码，这些蛋白质可以创造生物结构或产生酶。

这个代码创造了你：64%的水，16%的蛋白质，15%的脂肪，4%的矿物质和1%的碳水化合物。利用DNA代码以及你从食物和饮料中获得的营养，你生成了1.5升唾液、535毫升汗水、1.25升鼻涕、1.6升尿液、240万个红细胞、150克粪便、2.5升胃液、1毫升眼泪和每天1.4克的死皮细胞。

你还会呼吸11 000次，眨眼15 000次，产生1.5升的屁，分10~15次排出。这些气体是由你肠道中的200克细菌产生的，还有数十亿个细菌在你的皮肤上爬行。你有500万根头发，虽然此刻只有10万～15万根长在你的头上，它们每天生长0.4毫米，和你的指甲密切相关。手指甲每月长3.5毫米，脚指甲每月长1.6毫米。

在我们谈论这些数字的同时，别忘了你体内有5.5升血液在流动，流经10万千米（是的，你没看错）的静脉和毛细血管。这一切都是由你的心脏推动的，它每天跳动10万次，泵出6200升左右血液。如果把你体内所有的DNA首尾相连，它将绵延160亿千米。

人体有78个器官，成人有206块骨头（婴儿有300多块）、600多块肌肉、12或13根肋骨、两个无毛乳头和一条退化的尾巴。你值多少钱？我想说，你是无价之宝，但在2013年，英国皇家化学学会计算出了构建一个人的成本，即使用所有人体组成元素中最纯粹的形式从头构建一个人的成本。仅材料一项就花费了惊人的96546.79英镑（约合人民币791 992元——译者注）。

第 2 章
汁、糊和脆片片

2.01 多汁的你

你的身体每天消耗大约2.5升的水，但其中只有2/3来自你喝的液体。体内高达22%的水来自你所吃的食物，而更令人惊讶的是，12%是代谢产生的水——我们细胞中燃料的副产品*（与汽车燃烧汽油时主要产生二氧化碳和水一样——当然也产生一些令人不快的污染物）。

总的来说，你的身体60%是水。但与男性相比，女性的身体含水量明显更低，为52%~55%，男性为60%~67%。在同一性别中，身体的水分比例也存在个体差异，主要取决于你的身体脂肪比例（身上的脂肪越多，你的水分比例就越低）。你大脑的含水量就非常高了，其中75%～80%是水，还有些分散的脂肪和蛋白质。不管怎样，你身体里的水比其他任何物质都多**。

但是，过量饮水会置人于死地，这证明了著名的瑞士医生帕拉塞尔苏斯（Paracelsus，被称为毒理学之父）的说法是正确的，他说:“所有东西都是毒药，毒性的程度只与剂量有关。”许多人认为每天需要喝2升的水，但大多数营养学家不会这样建议——他们只是说“保持充足的水分”。

事实上，你应该注意不要过快地喝入过多的水，那样会导致水中毒。这是因为你喝入的水过快地稀释了体内的电解质，使其失去平衡。真的有人是

* 与此类似，骆驼的驼峰不储存水分，但它们也是水分的来源。驼峰是一种形态类似午餐肉的脂肪组织，可以通过新陈代谢产生水分。

** 想知道更多细节的话——如果真是这样我很高兴——体液可以分为两种。2/3的体液储存在细胞内液，1/3存在于细胞外液，它们在细胞外以多种方式流动：作为淋巴系统和细胞之间（例如，在细胞膜和皮肤之间）的间质液，或者作为血浆和脑脊液。

死于水中毒的，例如美国加州的年轻女子，她在参加一家广播电台举办的饮水比赛时，在3小时内喝了6升水。1995年，一名18岁的英国女学生在服用摇头丸后死亡。然而，她的死因是她在不到90分钟的时间里喝入了7升水。

2.02 鼻涕和鼻屎

你每天都会产生（并吞下*）的鼻腔黏液也叫鼻涕，每24小时就会产生1~1.5升。鼻涕是一种产生于鼻腔、口腔和喉咙的巧妙的黏性凝胶，它的主要作用是吸附呼吸道周围的灰尘、细菌和病毒等外来颗粒。你每天吸入的空气大约有8500升，其中充满了微小的颗粒和微生物，可能会损害你脆弱的肺部，所以鼻涕提供了一个非常重要的防线。渗出后，这种黏糊糊的混合物通过一种叫作黏膜纤毛运动的奇妙运输系统滑到你的咽部，然后要么被你吞下并在你胃里被强力的酸性胃液破坏，要么（这种情况更少见）通过咳嗽或喷嚏把它排出来。

鼻涕的95%是水，它那果冻般的黏稠感来自黏液腺体和细胞分泌的2%~3%的黏蛋白。这些特殊的黏蛋白是由非常大的分子组成的，它们形成的缕、线和片将水黏合在一起，形成一种黏稠的、交联的半固态凝胶**。鼻涕的其余部分由少量的蛋白聚糖、脂类、蛋白质和DNA组成。

黏膜纤毛运动，加上蠕动和循环是我最喜欢的几种运输方式。清理完你吸入的污垢后，鼻涕会通过数百万根微小的毛发状纤毛缓慢地移动到你的咽喉，这些纤毛每秒跳动16次，以每分钟6~20毫米的速度推动鼻涕前进。

* 你每天吞咽2000次左右——大约每30秒吞咽一次。

** 凝胶是很棒的东西——它以液体为主，但由于交联网络的作用，其特征与固体类似。有趣的是，“凝胶”（gel）一词是在19世纪由苏格兰胶体化学家托马斯·格雷厄姆（Thomas Graham）创造的，是“胶质”（gelatine）一词的缩写。

尽管鼻涕有很多好处，它也带来了一些问题，因为它为一些病毒提供了一个安全、潮湿的避风港。如果没有它，这些病毒会迅速死亡。瑞士的一项研究发现，流感病毒只能在纸钞上存活几个小时，可如果钞票上有一滴小到不能再小的鼻涕，病毒就可以存活两周半。

那么，鼻涕什么时候会成为鼻屎呢？每个上学的孩子都知道，与鼻涕相比，鼻屎更坚硬、更干燥，也更容易弹走。鼻子附近的蒸发作用比呼吸道的其他部位更强，所以那里的黏液很容易干燥。这里的鼻涕可能太厚，以至于黏膜纤毛运动无法运行，所以变成了一团厚厚的干燥凝胶（恕我直言，它们确实外酥里嫩）。这时，可能需要部署一只清洁的探查手指。在威斯康星州进行的一项研究表明，大约91%的人挖鼻孔（或者说，只有91%的人承认自己挖鼻孔），研究对象平均每人每天挖鼻孔的时间达1~2小时。班加罗尔的另一项研究则发现，大多数青少年承认每天挖4次鼻孔，其中20%的人认为自

鼻涕的学问

鼻屎为什么是绿色的?

通常情况下，鼻涕是一种相对薄而透明的凝胶，

但生病时鼻涕会变多，并变成黄色或绿色，

这是由于一种名为髓过氧化物酶的抗菌酶的作用。

髓过氧化物酶是由白细胞分泌的，

用于应对感染。

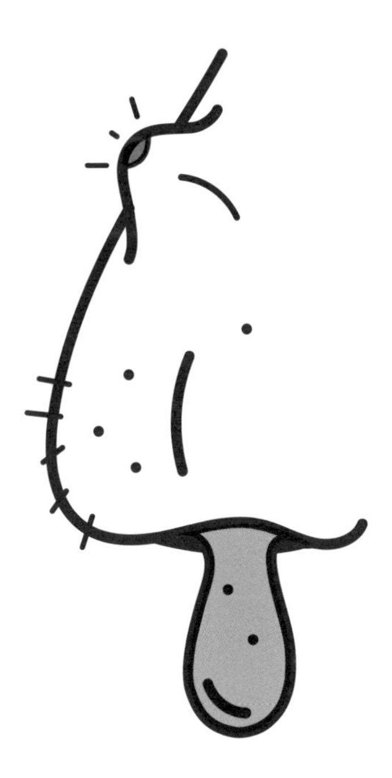

己有“严重的抠鼻子问题”，12%的人说他们挖鼻孔仅仅是因为他们喜欢挖鼻孔。

这就引出了一个大家都想问的问题——“黏膜吞噬性挖鼻”有什么问题吗？换句话说，采摘自己的鼻屎，然后吃掉它是安全的吗？2004年，奥地利肺脏专家弗里德里希·比辛格教授（Professor Friedrich Bischinger）表示，吃自己的鼻屎对免疫系统有好处*（毕竟，你很可能会通过黏膜纤毛运动把它们吞下去的）。没有研究支持这一观点，但只要你的手指是干净的，应该不会有太大的问题。不过，一定要注意挖鼻屎不要过于热情，以防伤到你的鼻子。

* 弗里德里希教授可能后悔说了这句话——不是因为它不真实，而是因为当你搜索他的名字时，他作为肺部专家的非凡成就被湮没在“吃鼻屎有益”言论的无限引用之下。

2.03 痰

无论出现在纸上还是嘴里，痰都是一个好东西，但它在肺里是一种与鼻涕类似的黏稠凝胶。这两种黏液都是从你的黏膜中渗出的，但鼻涕分布在鼻子、喉咙和嘴巴里，而痰一般是在你生病的时候在肺部产生的。当我们发出“咳……咳”的咳嗽声来清除肺部的污物时，弹出来的并进入口腔的凝胶状液体就是痰。

痰的学问

就像鼻涕通过黏膜纤毛运动进入你的喉咙一样，
微小的纤毛在喉咙和肺部呈波浪状运动，
而痰通过这种“纤毛扶梯”进入你的喉咙。
咳嗽也可以帮助它进入喉咙（见p58，“咳嗽”）。
黏液会刺激肺部和咽喉的神经感受器，
使我们咳嗽，迫使痰随着一股气流排出。
一旦一团团痰（连同它携带的所有脏东西）到达喉咙，
它就会离开敏感的呼吸道，
要么在口腔中被吐入纸巾（时髦的说法是“吐痰”），
要么更有可能被吞进胃里。
在那里你的酸性胃液会将它分解，摧毁所有危险的物质。

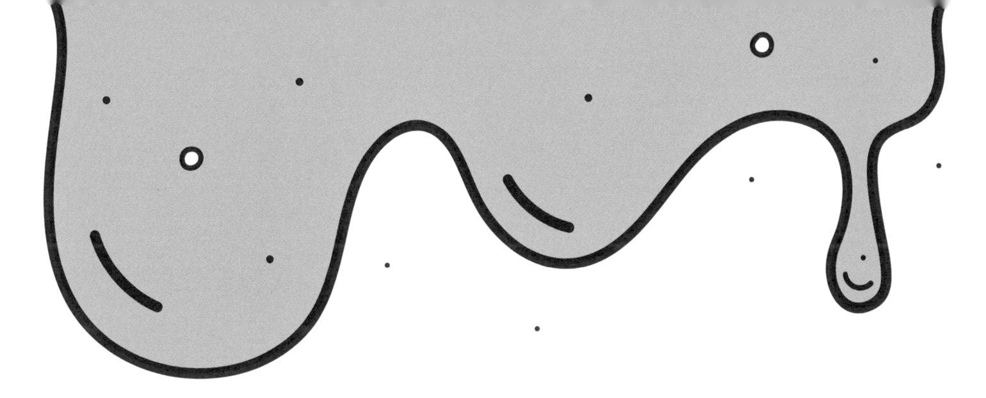

健康的人只会产生少量的痰，每天只有15~50毫升。但当你生病时，痰工厂就会开始工作。你的黏膜能分泌多少痰取决于你生病的情况。如果你不幸患上了支气管黏液溢（一种并不少见的呼吸道疾病），每天可以分泌多达2升的痰。那可是很多的痰哦。

痰的产生是一种防御机制，用来捕获和清除肺部的危险物质，其基本成分与鼻涕相近：水、凝胶剂、蛋白质和盐，以及抗体和酶。痰的颜色可以是绿色、红色、黄色、棕色甚至黑色，取决于引发痰的原因，是感冒、支气管炎、流感，还是吸入了烟雾或灰尘。通过仔细观察，你可以了解到有关根本问题的很多信息：透明的痰通常表明有病毒；白色或黄色的痰可能意味着混合了脓液，暗示着细菌感染；绿色的痰表示一种特定的细菌感染；红色的痰表示出血；黑色的痰表示你吸入了煤尘等颗粒物。虽然它是一种防御机制，但痰会给有呼吸问题的人带来很多麻烦，造成呼吸困难。

2.04 耳屎

尽管耳屎对我们的健康至关重要，但它也是一种让我们极度厌恶的身体黏液。它的正式名称是耵聍，它的味道有点儿苦（反正我的是）。它是老化皮肤细胞角质（60%）和毛发被油脂（12%~20%）粘在一起形成的混合物。油脂的来源包括毛囊皮脂腺分泌的黏性皮脂，外耳道特殊的耵聍汗腺分泌的不那么黏的分泌物，以及不同含量的角鲨烯、醇类和胆固醇。

这种蜡状抗菌混合物以多种方式保护耳道：它让耳朵里的皮肤防水，并保持柔软、润滑；它能杀死一些细菌和真菌；它覆盖在耳毛上，这样灰尘和细菌等不受欢迎的入侵者就会附着在耳毛上，而不会进入耳朵内部的脆弱部位。

有趣的是，耳屎有两种类型，湿耳屎与干耳屎，你可能拥有哪种耳屎是由你的基因决定的。湿耳屎更为常见，它含有更多的油脂，颜色呈黄棕色，如果你是非洲人或欧洲人，你的耳屎最有可能是这种类型。如果你是美洲原住民、东亚人或东南亚人，你的耳屎则更有可能是灰色、片状的干耳屎。研究还表明，拥有湿耳屎的人往往会有狐臭，有干耳屎的人则不容易这样。

虽然我们都喜欢用干净的手指抠出一撮耳屎，但这不是你应该做的事情，因为耳朵有一种迷人的自然传送机制来自我清理，它被称为上皮细胞迁移。鼓膜细胞（密封和保护中耳的屏障）向外生长的速度与你的指甲生长的速度相同，这使得碎片更有可能向外而不是向内生长，这一过程是在你自然的下颌运动的帮助下完成的。

但我们都知道，我们的耳朵有时需要一点儿帮助。这时，不要把棉签塞进耳洞，或者尝试毫无意义（而且危险）的“耳烛”。点燃一支蜡烛，将另一端放入耳道的这种做法很可能会将你烧伤，或将耳屎推到耳朵深处，使问题更严重。不要往耳朵里塞任何东西——我的医生曾经告诉我，不应该把比胳膊肘小的任何东西塞进耳朵里，因为这样做永远弊大于利。相反，应该去找医生，让他们查看耳朵里面的情况。如果真的有耵聍栓塞的情况，他们可能会给你开一些软化剂，让耳屎变得润滑而更容易移动。

幸运的话，医生会认为你的栓塞情况需要用温水冲洗。我曾经体验过冲洗耳道的乐趣，我愿意花大价钱再体验一次。我的医生使用了一台小型喷射冲洗机，向我的耳朵里注入一股股温和的加压水，直到栓塞的耳屎开始移动。好家伙！随着一声响亮的“咕噜”，栓塞的耳屎终于移动了，那一刻让我感觉浑身都颤抖了。

2.05 呕吐物

你每天会产生2~3升的胃液，这些胃液是位于胃黏膜深处的胃腺的各种细胞产生的。它是一种pH为1~3（酸性介于电池酸液和醋之间）的极酸性物质，这就是为什么当你抱着马桶吐过之后，嘴里会有一种强烈的、挥之不去的酸味*。但和人的许多其他体液一样，这是一种值得探索的迷人混合物，尤其是因为你可以用它加工食物。

胃液中还包含了名字很有趣的“内因子”（它帮助我们吸收维生素B_{12}），包括胃泌素在内的激素、胃蛋白酶原（令人失望的是，虽然它名字pepsinogen里有“pepsi”，尝起来却完全不像百事可乐）、水和盐。总而言之，它是一种在我们体内流动的腐蚀性混合物，这就是为什么我们还分泌一种黏稠的碱性黏液，覆盖胃部以阻止胃酸把它烧出个洞来。当然，呕吐物是所有这些东西以及我们吞下肚的部分糊状食物和饮品的混合物，统称为食糜**。

* 尽管“呕”“吐”“唠”“喷”有着不可否认的拟声意义，但我不明白为什么我们从不说“哦，天哪，我要产出食糜了”。

** 我真的为一档电视纪录片做了这件事。在这部纪录片中，我们想从我的身体中提取各种以E开头编号的物质，包括纯盐酸（E507）。

呕吐物的学问

胃液有很多作用，
但我最喜欢的作用是它能帮你有效地重新加工食物。
如果你呕吐出一杯纯胃液
（这有点儿棘手，因为一个空胃中只有大约30毫升的纯胃液——
只有在食物到达胃部后,你的胃腺才真正开始产生胃液），
要知道，你可以用胃液煮熟鸡蛋。
把鸡蛋打进胃液，蛋清就会慢慢变得不透明，
这是因为胃酸使蛋白质变性，
效果就和加热的煎锅一样。
秘鲁菜酸橘汁腌鱼的烹饪过程使用了相同的原理，
加入的是酸橙汁：生鱼浸泡在酸橙汁中，
随着蛋白质变性，表面细菌被杀死，
鱼肉变得不透明。
把牛奶加到胃液里，你会看到它马上凝结。
但胃液不仅仅是为了好玩而生——它还起着至关重要的作用，
可以杀死与食物一起吃下的数十亿微生物，
这些微生物会导致沙门氏菌感染、霍乱、痢疾和伤寒等传染病。
它也有助于杀死困在你每天生产和吞咽（见p13）的
1~2升鼻涕中的细菌和真菌孢子。
它还有助于分解肉和鱼中的肌肉纤维和结缔组织，
帮助胃蛋白酶发挥作用，帮助你吸收钙和铁。

2.06 呕吐

呕吐是一种剧烈且吵闹的行为，不单纯是食物和胃液构成的呕吐物本身的溢出。婴儿尤其擅长这项技术——我有一些很精彩的视频片段，拍摄的是我4周大的超级可爱的女儿黛西以可爱的方式吮吸我的鼻子，然后直接使劲儿吐在了上面*。这种从胃和十二指肠（小肠的一部分，位于胃的后面）喷出讨厌脏物的现象是一种有效的“出优于入”反射，可以去除身体不想要的物质。

呕吐的机理很有趣。触发因素可能是胃部问题（通常是胃在检测到受污染的食物后做出反应）、臭味或晕车、晕船。这些情况会激发恶心和厌食（食欲不振**）的感觉。然后，你会经历一系列自己无法控制的复杂的运动反应：口腔分泌的唾液突然增多，出汗，头晕，心率加快，瞳孔扩张，皮肤血管变窄（这就是为什么病人通常看起来“苍白”）。你的身体正在为行动做准备。

就在呕吐物开始向上喷射之前，你开始干呕，感觉像是非常强烈的打嗝。然后，你的喉咙和鼻咽都会关闭以确保预期的酸性混合物不会进入你的肺部（一旦进入肺部是非常危险的），这时呼吸就会受到限制。然后，当十二指肠收缩时，胃放松，将任何开始进入小肠的食物喷回到胃中。接下来，膈肌和腹壁挤压形成压力，胃底部的开关（幽门括约肌）关闭，最后胃

* 你的婚礼视频有素材了，小黛西。

** 严格来说，厌食症只是指食欲不振，而“神经性厌食症”才是进食障碍，但通常简称“厌食症”。

上部的开关（胃食管括约肌）打开——可以开始了！压力向上释放，导致胃内容物射向喉咙，（最理想的情况下）进入等候的水桶或马桶。

事情到这儿还没有结束。如果你的身体认为你需要一次非常彻底的清理，可能会再次运行这个过程。但当你放松时，压力释放，内啡肽进入你的血液，会让你感觉不那么糟糕。

生病并不是世界上最糟糕的事情，但如果你已经感觉不舒服，一次次的反胃可能会让你感到痛苦和疲惫。

呕吐的学问

如果你意识到自己吃了一些可能有危险的东西，
你也许就会觉得自己要生病了，
但这个决定最好留给你的胃。
虽然呕吐是去除不良食物的有效工具，
但它会给你的食道带来巨大的压力，
迫使强酸性胃液进入你身体的敏感部位，灼烧那里。
这种酸也会损害你的牙齿。
其他潜在问题还包括虚弱、疲劳、
电解质失衡引起的心脏问题，
以及便秘、胃灼热、喉咙痛以及打嗝时呕吐的可能性增加。最好还是能避免呕吐。

2.07 脓液

没错，这才是你购买本书的原因。不管你对鼻屎、耳屎和呕吐有什么看法（我倒是希望你已经开始喜欢上它们了），脓液居住的恶心星球与它们完全不同。所以，大家站稳了，我们要启程了。

脓液是死亡白细胞组成的一种令人着迷的液体，是在你身体的防御系统和试图感染你的致病细菌的战斗中产生的。致病的意思是“可以导致疾病的生物体”，而细菌是微小的生物体，通常是单细胞生物。并非所有的细菌都是有害的——事实上，很多细菌都是必不可少的，尤其是生活在你肠道里帮助你消化食物（见p123）的100万亿细菌——有害的细菌包括那些导致霍乱、炭疽、黑死病和沙门氏菌感染的细菌。割伤和擦伤会感染很多不同类型的细菌，但最常见的是肠球菌和葡萄球菌，在近一半的伤口感染中都发现了这两种细菌。

脓的故事遵循一个明确的路线：1.暴露—2.附着—3.入侵—4.繁殖—5.毒性—6.组织损伤和疾病。首先是暴露。细菌（或真菌、寄生虫、朊病毒）通过一个入口进入人体——通常是一个戒备森严的人体开口，比如嘴、鼻子、屁股、黏膜（眼睛、阴茎或阴道——你身体任何靠黏液保持湿润的部位）或皮肤伤口上留下的开口。绝大多数细菌一旦出现就会被杀死、中和或直接被清除。但有时候细菌的数量会达到足够多，或者是特别危险。如果细菌能够黏附并入侵细胞，它们就能找到一个“蓄水池”，以我们身体的资源为养料，在那里生存、生长和繁殖。一旦细菌开始繁殖，可能会释放毒素，形成毒性，引起组织损伤和疾病。

脓液的学问

当脓液聚集在皮肤下并不能被看见时，
它所填充的空隙称为脓肿。
当它在皮肤下可见时，
被称为脓包（见p72，青春痘就属于脓包）。
我们在挤压青春痘后看到的脓液大多是黑色或黄色的，
但根据中性粒细胞杀死的细菌类型，
脓液也可以是绿色或棕色的。
绿色来自中性粒细胞用来杀死细菌的鲜绿色的髓过氧化物酶，
或者来自一些细菌产生的一种叫作绿脓色素的绿色色素，
这种色素保护细菌免受中性粒细胞的攻击。
绿脓和大多数没有氧气参与的厌氧感染产生的脓液
最有可能带有恶心的气味。

我们还没到化脓的阶段，但别担心，马上就到了。随着细菌的生长，它们会释放毒素和具有破坏性的酶，从而造成损伤。被称为巨噬细胞的特殊类型的白细胞在你的身体里不断地巡逻，寻找这些有害细菌、癌细胞和其他所有危险的入侵者。相遇时，巨噬细胞就会将它们吞噬。真是厉害的家伙。这些巨噬细胞还会在几分钟内释放出化学物质，吸引其他类型的白细胞，主要是被称为中性粒细胞的白细胞，这种白细胞富含蛋白质，可以用酶*消化细菌和真菌。虽然这些发生在微观尺度上，但你可以在身体上感受到并看到炎症：肿胀、发红、疼痛、发热和功能丧失的组合，它们都是防御过程的一部分。

这时候轮到脓液出场了。中性粒细胞通过3种方法来对付有害细菌：它们制造纤维网来捕获病原体；它们分泌各种抗菌毒素；最夸张的是，它们能吞入细菌并吃掉它们。一旦中性粒细胞的酶被耗尽，它们就完成了使命，随后死亡。在浓度足够高的情况下，这种耗尽而亡的中性粒细胞液体形成了一种富含蛋白质的死细胞黏液，我们称之为脓液。

* 如果你快速检索一下，观看中性粒细胞吞噬细菌和真菌的特别视频，我可以保证你会度过一个愉快的下午。

2.08 唾液

你的身体每天渗出大约1.5升的唾液，一生中会产生大约4万升的唾液，但其中大部分是循环利用的。唾液腺遍布口腔，但主要集中在口腔两侧的3个对称的位置。很特别的是，每一对唾液腺会产生不同类型的唾液。位于下巴后面耳朵前面的腮腺产生25%的唾液，这是一种无黏液的水状唾液。舌下腺位于舌前下方，产生的唾液只占总量的5%，但它更稠、更丰富，也更黏。舌根下的颌下腺分泌绝大部分的唾液（70%），产生的唾液有两种类型。

唾液中99%是水*，有助于润湿和稀释口腔中的食物。它也含有少量溶解的无机离子和有机成分（主要是蛋白质），以及非常有效的酶，如淀粉酶和唾液淀粉酶，它们会在你的嘴里就进行食物的化学分解。

唾液不仅能在口腔内启动消化过程，还有助于保持牙齿健康，溶解食物中的一些物质，让你品尝到它们的味道。唾液含有溶菌酶和乳铁蛋白等杀菌物质，以及一种被称为脂肪酶的脂肪分解酶。它还能让你漂亮的嘴唇那娇嫩的表面保持湿润和柔软，并使你的牙齿覆盖一层薄薄的黏蛋白，使说话、咀嚼和吞咽更容易。

* 凡是上了学的孩子都知道，赢得吐唾沫比赛的唯一方法就是把稀薄的唾液和大量的鼻涕结合在一起，让你的痰有一点儿弹性。唯一例外的情况是，如果你足够幸运，门牙之间有一个间隙，可以通过这个间隙喷出一股很细但是非常准确的喷射流；这种情况下，鼻涕会堵住缝隙，以不必要的方式溅到下巴。回忆起来，真是快乐的日子啊。

实验1

唾液的学问

一个有趣的实验可以证明你唾液中的淀粉酶的力量。用沸水冲一点儿雀牌（Bird）速食蛋奶糊（一定要选择雀牌+速食），然后让它冷却30分钟。取两个相同的玻璃杯，分别倒入约50毫升做好的蛋奶冻。向一个杯子里吐大约10口唾沫（如果你愿意，也可以找朋友帮忙），然后搅拌均匀。向第二个杯子里加入大约1茶匙的水（基本上与你往第一个杯里吐的口水量一样），这就是你的对照杯，也将这杯搅拌均匀。在水槽里将案板或盘子以45度角支起来，将两杯蛋奶冻分别倒在倾斜的板子上，你会看到加了口水的蛋奶糊变得又稀又薄，而加了水的蛋奶糊仍然黏稠。这是因为你唾液中的淀粉酶已经分解了使蛋奶糊黏稠的玉米淀粉复合分子。这时就不要想着把剩下的蛋奶糊吃干净了。

如果这个实验对你来说太恶心了，还可以在嘴里含一片土豆。如果你含的时间足够长，唾液中的酶会慢慢把复合碳水化合物分解成更简单的能在舌头上品尝出来的糖。也就是说，土豆的味道会开始变甜。

2.09 血液

每个人体内平均有5.5升的血液——每千克体重就有大约70毫升血液。虽然血液是一种成分复杂的混合物，但可以把它分成两部分：血浆（55%）和细胞（45%）。血浆的成分主要是水，细胞的组成主要是红细胞，加上比例更小的白细胞和血小板。

血液在一个由动脉、静脉和毛细血管组成的巨大网络中流动，如果把这些血管首尾相连，长度可达4万~10万千米。你的心脏不到一秒跳动一次，加起来每天有10万次心跳，将6200升的血液输送到你的身体系统里。

血浆——55%

这是血液的液体基础，所有其他成分都悬浮其中。你可以把它想象成一辆卡车，在身体中穿梭，运送货物。血浆是浅黄色的，其中92%是水，还有盐、食物中的营养物质（如氨基酸、葡萄糖和脂肪酸）、二氧化碳、乳酸和富氮尿素、激素以及各种蛋白质。

红细胞——40%~45%

人体大约有250亿个红细胞——每立方毫米血液中就有2000万个红细胞——每个红细胞都含有血红蛋白，能巧妙地与氧气结合。你的身体每天会产生240万个新的红细胞，它们先是在你的骨髓中经过1周的时间形成，然后在脾脏中被清理干净。红细胞可以存活3~4个月，在你的身体系统中移动160千米，将氧气从你的肺部输送到各种组织。一旦被残酷的循环机制耗尽，它们的结构就会发生小小的变化，作为清道夫的巨噬细胞就会发现并吃掉它们。

白细胞——1%

尽管白细胞只占血液的1%，但它们是免疫系统（人体抵御入侵微生物的主要防御机制）的重要组成部分。白细胞不知疲倦地在你身体的高速公路和小路上巡逻，寻找作恶的家伙，击退它们无休止的攻击。绝大多数攻击是你完全不会意识到的。白细胞主要有两种类型：吞噬细胞和非吞噬细胞。没有眼睛和耳朵的吞噬细胞通过一种叫作趋化的过程被化学信号吸引到感染的位置上，它们可以发现的不同外源蛋白有100万个之多。

血小板——少于1%

血小板是一种凝血工具，它会在血管破裂的地方聚集并凝结在一起，形成一个临时的堵塞，同时启动一系列被称为“凝血级联”的反应，使身体能够自我修补和愈合（见p34“痂”）。

血液的学问

虽然在你身体深处的动脉中流动的含氧动脉血是鲜红色的，
但在靠近皮肤表面的静脉中流动的
富含二氧化碳的静脉血看起来是蓝色的
（观察你的手腕，应该可以看得到）。
但它其实不是蓝色的。
相反，是你的皮肤吸收了血液反射的大量长波红光，
使皮肤表面看起来是蓝色的。
血液尝起来通常是味道丰富又可口（来自蛋白质），
有一点儿甜味来自溶解在其中的葡萄糖，
还有一点咸味来自溶解在其中的各种盐。

2.10 痂

痂是一种由纤维蛋白（一种凝血蛋白）、死去的脓液状白细胞和血清（去除所有凝血成分的血浆）组成的渗出物的酥脆混合物。它们是脆弱、复杂而又鲜为人知的伤口愈合过程中微小而“美味”的重要组成部分。人体有大量的工具阻止外界物质的进入，对这些系统来说，伤口是一个严重的打击。这就是为什么你的免疫系统投入大量的精力来修补伤口，并在你和你所处的肮脏、细菌滋生的“美好”环境之间制造障碍。这个过程包含的几大阶段是凝血（血液堵住伤口并开始干燥结痂）、炎症、组织生长和重塑。

一旦皮肤被割伤，血小板就会聚集起来，在钙、维生素K和纤维蛋白原的帮助下，形成一个临时堵塞物使血液凝固，阻止血液流动。纤维蛋白原感知空气后，会分解并形成纤维蛋白线，形成一个网状物来捕获更多的血细胞，最终干燥后形成痂皮，阻止更多的细菌进入。在这层黏液下面，对抗入侵者的战斗仍在继续，名为巨噬细胞的吞噬微生物的白细胞将细菌的细胞吞下，直到酶耗尽而死亡。数以百万计巨噬细胞组成的液体被称为脓液（见p24），可以在结痂的位置下面潜伏一段时间。

痂的学问

我是一个嗜痂之人。
让我感兴趣的不是它们的味道
（尽管它们确实有一种富含蛋白质的肉味），
而是我从吃它们中获得的一种奇怪的成就感。
然而，剔痂并不是一个好主意，
因为你会让更多的细菌进入伤口，
使你的身体容易收到外部世界的影响，
让恢复过程从头开始。如果形成了习惯，
吃疮痂也可以被视为强迫症的一种，
与咬食手和手指上皮肤的噬皮症类似
（说到这里，我必须承认，
这也是我非常热衷的一件事，见p120）。

2.11 汗液

你的全身大约有250万个汗腺*（见p137）。大约一半的汗腺分布在你的背部和胸部，但你手掌和脚底的汗腺密度最高，每平方厘米有600~700个。天气寒冷的时候，你每天会排出大约535毫升的汗——女性平均分泌420毫升，男性平均分泌650毫升——但在天气炎热和运动的时候，这一数值会上升到惊人的10~14升。

汗液本身是一种含盐、酸性、无气味的水，含有微量矿物质、乳酸和富氮尿素。你分泌汗液是为了给自己降温，但是像喷泉一样流汗的现象在哺乳动物中很少见——只有马能那样大量地流汗。天气越热，汗水流得越快，咸度也越高。因为你的身体需要保持一个特定的盐度水平，这种盐的流失可能带来危险。

想要理解汗液为什么如此重要，你需要掌握内环境平衡的概念。这是你身体的自我调节系统，使所有不同的人体器官以正确的速度工作，并保持正确的平衡，以维持你的生命。其中包括对多种矿物质、盐和体液水平，以及血液酸度、血压和体温的控制。这不仅仅是为了舒适——此时此刻，你的体内正在发生数百种不同的化学反应，合适的温度对这些反应的发生至关重要，因为环境越暖和，化学反应越快。如果你的身体过热，这些反应发生得太快，你很快就会死亡。如果你的温度太低，反应发生得太慢，你也很快就会死亡。

* 你也有少量的大汗腺，分布在更私密的位置，如腋窝、乳头、鼻子和生殖器。

汗液的学问

你的身体调节自身温度的能力惊人，
它不知疲倦地工作，使你的体温保持在37℃。
一天中不同时间的体温有1℃左右的微小变化是正常的
（你的体温通常在你起床前2小时处于最低水平）。
当你生病时，温度也会有所变化，
但变化通常不会太大，否则你就有大麻烦了。
例如，40℃的体温只比正常温度高出几摄氏度，
但除非它马上下降，
不然你会出现中暑症状，危及生命。
41.5℃或更高的体温是严重的医疗紧急情况。
同样，体温比正常水平低一两摄氏度（不只是在睡觉时出现）
意味着体温过低，也要小心哦！

流汗到底是如何让我们降温的呢？这是一个神奇的物理现象——蒸发冷却。你的汗腺将盐水分泌到你的皮肤上，盐水在变成水蒸气之前吸收了大量的身体热量。然后水蒸气会飘走，带走所有的热量，让你感觉凉爽。

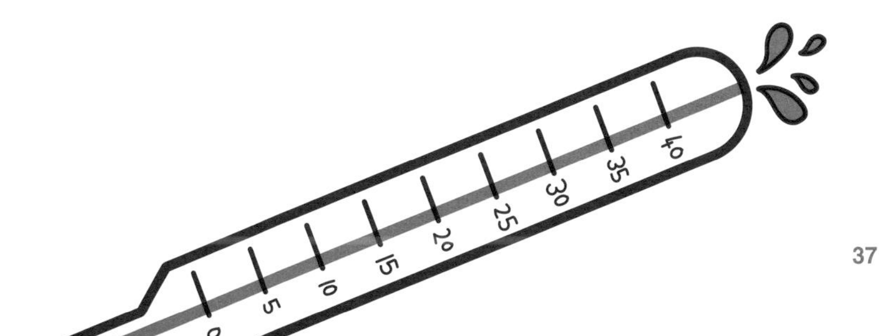

2.12 泪液

泪液有3种不同的类型：基底泪液作为“基”层不断产生，保持眼睛湿润并保护眼睛表面；反射性泪液的作用是清除眼睛里的异物，如沙砾或烟雾；情绪性泪液是由心理因素决定的（它们产生于大脑），有一点儿科学谜题的感觉。

泪液的确切成分一定程度上取决于它们属于哪一种类型，但它们都有共同的基本成分，从3种类型的腺体中渗出。眼角上方离鼻子最远的泪腺产生主要的泪膜——这是一种聪明的保护性水溶液，含有咸咸的电解质、抗体、有杀菌作用的溶菌酶等多种物质。眼睑边缘大约有50个睑板腺产生睑脂，这是一种油性的、富含蛋白质的蜡状物质，可以防止水润的泪膜变干。最后，眼睛的杯状细胞会分泌黏蛋白，使眼泪变稠，并在眼睛上形成一层漂亮的黏液层。有趣的是，情绪性泪液似乎比基底泪液或反射性泪液含有更多的蛋白质激素，但原因尚不清楚，而且总体来看，哭泣似乎没有任何进化优势。

考虑到鼻涕、汗液和唾液的分泌量之大，你分泌的泪液简直少得可怜——每天只有1毫升（除非你一直在哭）——这些眼泪是通过眨眼蔓延开的。你每天眨眼的次数大约有16000下（每分钟15~20次），每次眨眼持续100~400毫秒，目前还不清楚你为什么需要这么频繁地眨眼。为了保持眼睛湿润，你眨眼的次数远远超过需要的次数。在遇到噪声或异物时产生的反射性眨眼可以使用人体最快的肌肉——眼轮匝肌——来保护眼睛，这种肌肉会让你的眼皮每年眨400万~700万次。

泪液的学问

洋葱为什么会让你流泪?

当你用刀切洋葱的时候，成千上万的洋葱细胞被破坏，

释放出酶，作为一种防御机制。

这些酶分解后，经过一连串的化学反应，

会产生一种被称为硫代丙醛S-氧化物的液体，

这种液体会迅速蒸发到空气中，

到达你的眼睛后，

激活泪腺产生大量的泪液，将其冲洗掉。

有很多“秘方”据说可以防止流泪，

但其中大多数是完全无用的。

唯一能让自己不流泪的方法就是在水下切洋葱，

当然，这也会增加你切掉手指的概率。

2.13 眼屎

当我还是个孩子的时候，我妈妈经常告诉我，要把“觉”从我的眼睛中抹去，我一直觉得这是一个对眼屎既奇怪又诗意的称呼，即使它来自我的眼睛。这种物质本身被称为“眼眵”，俗称眼屎，它在许多方面与鼻涕相似——是一种滑溜溜的水状黏液，由眼睑和眼白中的腺体产生。不仅如此，它还含有杀菌酶、用于识别病毒的免疫球蛋白，以及盐和糖蛋白。它们溶解在水里，被黏蛋白粘在黏液状的凝胶里，我们在鼻涕那一节讨论过。眼眵是非常好的东西——它能保持眼睛湿润和健康，有助于阻止感染，也能阻止空气中任何可能落在你眼球上的微小灰尘和细菌颗粒。

当你醒着的时候，你的眼睛会不断产生眼眵，但也会在你眨眼的时候随着眼泪（以及任何粘在里面的脏东西）从你的眼睛里被冲走。这些液体都通过一个叫作鼻泪管的小通道流到你的鼻子里，加入鼻腔里不断流动的鼻涕之中。是的，有一些鼻涕是从你的眼球流过来的！

但为什么眼屎很干？为什么我们只在睡觉的时候产生眼屎呢？这是因为当你睡着的时候，泪液的分泌会变慢，所以眼眵不会被冲走。其中一些会从你的眼睛里渗出，通常会进入你的眼睑，在那里干燥形成浅色的一小团。虽然我热衷于吃鼻屎（当然是为了健康才吃的），但我倾向于把眼眵弹掉。为了服务你们，我亲爱的读者，我也已经尝过了眼眵，但遗憾的是，它们除了有一点儿咸，并没有什么味道。

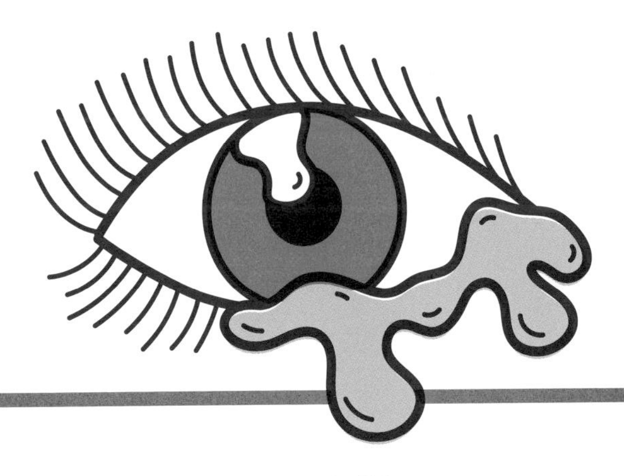

眼屎的学问

你的眼屎只有在分泌得比正常情况多的时候才会成为问题，

它们会粘在你的睫毛上（而不是出现在你的眼角上）。

颜色不正常的眼屎也有问题，

它意味着眼屎可能混合了脓液。

当眼屎含有脓液时，

它就成了一个完全不同的东西——

它的名字叫黏液脓性分泌物，

这通常是你患上了结膜炎的迹象。

结膜炎是一种常见的感染，

会让你的眼睛发红、发炎、发痒。

有时候，

早上醒来的时候，你会发现眼睛因为分泌物太多而很难睁开。

尽管用温水清洗通常可以解决这个问题，

但还是让人感觉怪怪的。

2.14 脚臭

脚上有大量汗腺，汗渗入你的袜子，形成一个紧紧包裹着的温暖、潮湿、多盐、黑暗的环境——几乎就是方便细菌快速生长的理想组合。因此，这里会出现细菌与死皮细胞的刺鼻混合物，如果你幸运地还有真菌问题的话，可以用坚硬的指甲从你的脚趾间刮出法式软奶酪一样的东西，英语里称之为“toe cheese”（脚趾奶酪）或“toe jam”（脚趾果酱）。除了死皮和数以百万计的细菌和真菌，它还含有油脂、汗液和袜子绒毛。

脚臭的医学术语是臭脚症，它在青少年和孕妇中最常见，因为他们可能在经历激素变化，使出汗增加。脚臭不太可能对你造成伤害，尽管如此，如果你有皮肤破损，情况可能会升级为细菌感染。

大多数生活在皮肤上的微生物对我们是无害的——其中很多事实上是有益微生物——但不好的气味来自有机酸以及微生物副产品的硫基硫醇（它的味道尤其恶心）。其中有很多不同气味的挥发物在起作用，但酸味通常来自异戊酸（瑞士奶酪中也有），以及脚和优质奶酪共有的某些细菌。不同的细菌喜欢身体的不同部位，喜欢脚趾的主要是棒状细菌、微球菌和葡萄球菌（它们都喜欢你脚上的微酸性汗液），它们与多种酵母和皮肤真菌结合。你的脚指甲上大约有60种真菌，脚趾间隙有40种，脚跟上的真菌种类则多达80种。

2.15 舌苔

舌苔是舌头上的一种浆液，你用门牙或刮刀使劲刮一刮就能把它清除掉。它是唾液、死亡细胞、食物和饮品残留物、细菌和细菌废物的混合物，喜欢口腔内黑暗、潮湿的环境。每个人的舌苔都有所不同，它不太可能对你造成伤害，但有充足的证据表明，刮舌苔是有好处的，特别是如果你有口臭（见p140）的话。比利时的一项研究表明，刮舌苔可以增强味觉。美国的一项研究发现，刮舌苔可以减少导致蛀牙和口臭的细菌。2004年发表在《牙周病杂志》（*Journal of Periodontology*）上的一项研究得出结论，在清除导致口臭的挥发性硫化物方面，刮舌器比牙刷更有用。

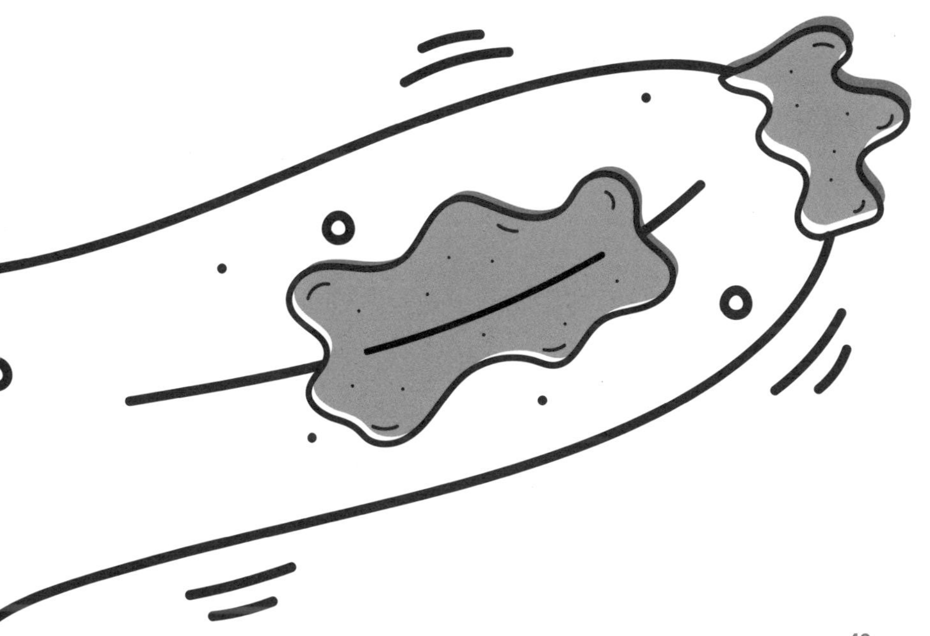

第 3 章
粗鲁的声音

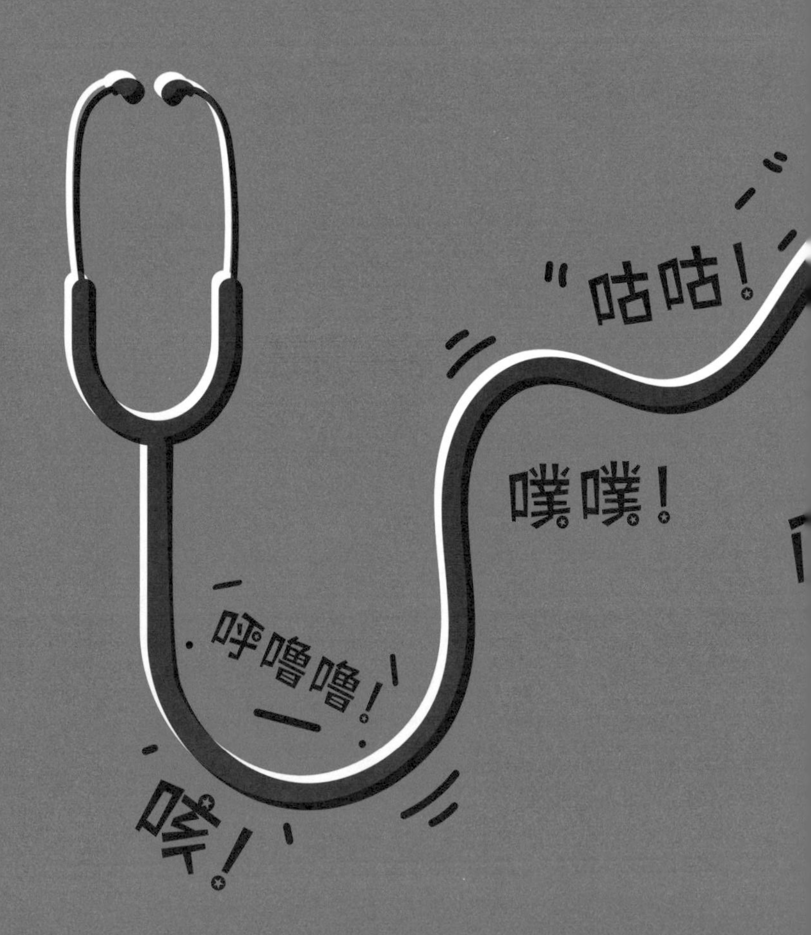

3.01 吵闹的你

你可以通过听诊了解很多东西，听诊就是用听诊器［这是法国医生何内·雷奈克（Frenchman René Laennec）在1816年发明的一种设备，他的第一个版本非常简单，就是一张卷起来的纸］去听身体里的声音。医生喜欢听的器官主要是那些不断运动的器官，比如肺（不停呼吸）、心脏（不停泵血）和消化道（通过不停蠕动和各种其他挤压、喷射来搅动食物）。

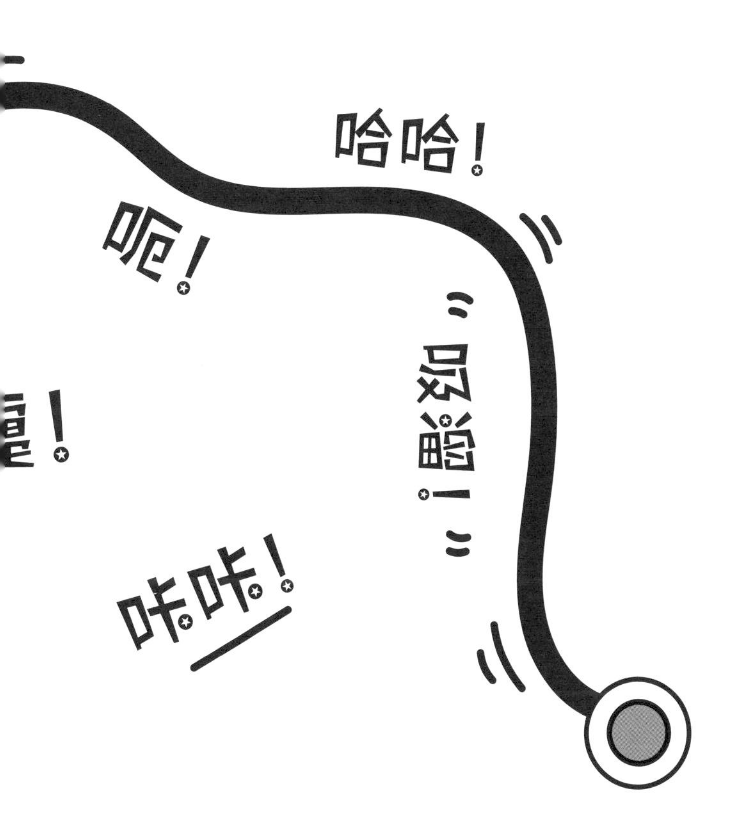

3.02 饱嗝

饱嗝是胃和食道释放的少量气体。许多哺乳动物会打饱嗝，尤其是像牛和羊这样的反刍动物，它们释放的气体包含大量的甲烷。吉尼斯世界纪录中最响的饱嗝达到了109.9分贝，由保罗·胡恩（Paul Hunn）于2009年8月23日在博格诺里吉斯的布特林度假村创造。厉害了，保罗！

饱嗝通常是由于吃饭或喝水时吞入空气或喝下含有大量溶解二氧化碳的碳酸饮料引起的，其中一些在吞咽后才变成气体。气体在胃中积聚时会向上漂浮，并压迫胃食管括约肌——胃顶部的开关。最终，这里打开一点点，释放出一股气体，震动喉咙和括约肌，就像屁（见p52“屁”）一样！名为抗酸剂的治疗消化不良的药片会让你打嗝——它们通常含有碱性的碳酸钙，与你酸性的胃液发生酸碱中和反应，产生二氧化碳气体。与正常情况相比，嚼口香糖会让你吞下更多的空气，所以也可能增加打饱嗝的概率。

打饱嗝就像放屁一样，是一种非常正常的机制，但却因为一些奇怪的原因被认为是粗鲁的行为。没人晓得为什么——因为打饱嗝对于人类释放肠道压力非常必要，否则就会让人感觉不舒服，甚至产生危险。

打饱嗝的学问

一小部分人不会打饱嗝，他们可能要忍受腹痛和腹胀。
吃了太多苜蓿的奶牛，胃里会积聚大量气体，
如果它们不能赶快把嗝打出来，就会致命。
小婴儿在喝奶时吸入过多空气后经常会出现腹痛，
胀气的婴儿会大声哭闹，
父母能做的就是赶紧掌握拍嗝的技巧。
打饱嗝和打嗝可能同时出现，这种情况会很痛。
当嗝通过食道的同时，膈膜痉挛会将空气吸入肺部，
声门和声带的压力会急剧增加，可能会非常疼。
务必避免这种情况。

3.03 嗝

打嗝的进化意义是什么？尽管我们都经历过打嗝，却没人知道这个问题的答案。喝碳酸饮料、吃得太快或吃得太多都容易引发打嗝，甚至子宫里的胎儿都会打嗝。我如果吃一口特别辣的食物就会打嗝。虽然目前还不知道打嗝的生理优势，但已经有很多成熟的理论。

打嗝（正式的名称是呃逆）是自主反射弧的一个例子，它是不需要你的大脑处理任何信息而不自觉地发生的一系列事件。这些自动反应发生得很快，退缩反射就是这样——当你的手碰到热的东西之后会马上抽开。缺点是你几乎无法控制打嗝，这就是为什么打嗝很难停下来。

打嗝的原理很简单：一旦被触发，膈膜的快速、不自主的收缩会打开肺部并吸入空气。35毫秒后，声带闭合，空气流动停止，发出我们非常熟悉的“呃”声。与此同时，你上身的一部分——通常是肩膀、腹部和/或喉咙——会出现抽搐或震颤。

关于打嗝的进化优势，比较有趣的理论之一是打嗝反射假说，这是2012年发表在《生物学论文》杂志（*BioEssays*）上的一个相对可靠的理论。这个理论认为，打嗝是一种帮助尚未断奶的婴儿尽可能多喝奶的工具。喝奶时吞下的空气会占据胃里宝贵的空间，所以空气会引发打嗝，在喉咙里产生低压，导致嗝被吸出胃。成人打嗝只不过是这种婴儿反射的再现。但正如该理论的作者所承认的那样，“目前还没有证据证明这个假设……”。还有另外一种理论认为，打嗝与蝌蚪的呼吸机制有关，但这也有待继续研究。

治疗打嗝的方法各不相同，从唬人的民间疗法到相当严肃的侵入性手

术——后者被用来治疗持续时间超过1个月的“顽固性打嗝”。还有一种有趣的治疗方法是直肠指按摩，俗称“在你的屁股里扭动手指”，这种方法在一些临床案例中都取得了成功。没想到吧！

打嗝轶事

有记录以来最严重的打嗝案例发生在美国人查尔斯·奥斯本（Charles Osbourne）身上，他打了68年的嗝，打了大概4.3亿次。打嗝从他试图抬起一头非常重的猪的时候开始，一直持续到1990年2月，也就是他去世的前一年，才莫名其妙地停止。这可真够郁闷的！

3.04 喷嚏

打喷嚏是半自主的行为，你只能部分控制它，就像眨眼和呼吸一样。这是一种通过鼻子和嘴巴猛烈排出空气的行为，目的是清除异物颗粒，通常是对某种物理或化学物质刺激鼻腔黏膜的反应。其他可能的刺激有吸入冷空气、吃苹果、生病、暴饮暴食、性兴奋和看向光*。

打喷嚏时，你的喉咙里的机制会改变形状，在鼻子后面产生真空效应，吸出游离的液体，同时排出一些表面黏液。这些液体可以轻而易举地产生40 000滴黏液、唾液和各种雾化的七零八碎的东西。

当微生物或碎片穿过你的鼻毛到达鼻黏膜时，就会触发打喷嚏的冲动，引起组胺的释放，刺激底层的神经细胞，然后向大脑发送信号，导致打喷嚏的发生。打喷嚏时喷出的气流可以达到8米之远，这时任何具有传染性的气溶胶飞沫都很容易传播疾病。

* 这个现象是20世纪50年代由一位法国研究人员首次发现的，他意识到当他把检查眼镜对准一些病人的眼睛时，他们会打喷嚏。这就是众所周知的光打喷嚏反射，虽然它已经被充分研究（研究这样一种不是特别危险的情况其实有点儿奇怪），但没有人知道发生这种情况的真正原因。

打喷嚏的学问

你在睡觉时通常不能打喷嚏，
因为你的身体进入了一种与快速眼动相关的弛缓状态，
一种显著的、几乎完全的瘫痪状态。
在这种状态下，控制肌肉和腺体的运动神经元变得超极化，
想要使它们兴奋需要更强的刺激。

当你醒着的时候，忍着不打喷嚏并不是一个好主意，
因为它会在呼吸系统中产生高压，从而导致身体组织破裂。
打喷嚏的感觉很好，
一部分原因是你的身体在打喷嚏后会释放内啡肽，
还有一部分原因是让身体释放压力的感觉很好。

3.05 屁

每天你通过10～15个不连续的屁排出1.5升左右的气体，这种气体主要是由生活在你肠道中的39万亿～100万亿微生物产生的。如果你觉得这是胡说八道，请记住，其中许多屁是在你睡觉或上厕所时突然冒出来的。很多人都对放屁感到尴尬，就连我也不得不承认放屁是要讲究时间和地点的。但屁也是我们消化系统的重要组成部分，所以它们似乎不至于让我们如此紧张。如果不放屁，你会爆炸——好吧，严格地说，在那之前会先发生一些其他的恶心事，包括气体被迫走错方向，通过你的消化系统，让你疼痛难忍，然后从你的嘴里放出——没人想要这样。所以总的来说，还是接受屁本来的样子最好了。我太喜欢屁了，所以写了《一本正经屁学》（*Fartology*），一本关于屁背后非凡的化学、物理和生物现象的书。

屁中有25%是你吞下的空气以及从你体内扩散回消化系统的气体混合物，其他75%是由你的肠道自身产生的二氧化碳、氢气、氮气，偶尔有甲烷，加上少量的气味挥发物，正是它们让你的屁散发出独特的气味。一般来说，在结肠中被细菌分解的纤维性食物（以水果和蔬菜为主）决定你放屁的多少，而屁的气味主要由被小肠中的酶分解的蛋白质（蛋类、肉类、鱼类、豆类、坚果）决定。

屁并不是都一样的，女性的屁往往更有冲击力。虽然男性放屁比女性多，但1998年发表在学术期刊《肠道》（*Gut*）上的一项研究发现，女性的屁往往更臭。这是因为女性的微生物群（见p123）更有可能包含在分解食物时产生硫化氢的细菌。女性的肠道也可能含有更多的产甲烷菌，这意味着

60%的女性会产生甲烷，而这一比例在男性中只有40%。因此，女性的屁也更易燃。

在气味更臭的屁中发现的一种有味道的挥发物是强大的甲硫醇，燃气公司将它添加到家庭燃气中，一旦燃气泄漏可以起到报警作用。甲烷是可怕的无味气体，当天然气管道发生泄漏时你很难发现，但添加的甲硫醇恶臭扑鼻，在低浓度下你就可以闻到它。当气体充分燃烧时，甲硫醇就会被破坏，没有臭味，但我仍然喜欢燃气公司往你的房子里放“屁”的这种感觉。

为什么有些屁比其他屁更热?

一切都取决于代谢过程，即有机物细胞中发生的一系列化学变化，这些变化将燃料转化，供你的身体使用并构建新的成分。当细菌通过糖酵解过程转化成燃料时，葡萄糖被分解成丙酮酸，然后丙酮酸进一步分解。这个反应释放出大量的热量——因此产生了热屁。

屁的学问

让屁味难闻的气体主要有:

1. **硫化氢——臭鸡蛋味**
2. **甲硫醇——腐烂卷心菜味**
3. **三甲胺——鱼腥味**
4. **硫代丁酸甲酯——奶酪味**
5. **甲基吲哚——猫屎味**
6. **吲哚——花味/狗屎味**
7. **二甲硫——卷心菜味**
8. **硫醇——鸡蛋味**

当食物的涡轮增压代谢拥有完美条件时，你往往会放出又热又臭的屁：当你的肠道细菌有大量的燃料可用时（即你摄入了大量的膳食纤维）；要么是因为你在较长的时间里摄入了充足的纤维，要么是因为你吃了很多益生菌，所以你的肠道里充满活细菌时；当你的肠道处于最佳运行状态时，例如，内部热度和酸碱度达到了最佳水平。在上述几种情况下，屁的体积和气味应该都处于非常高的水平。习惯以后，就享受这个过程吧。

屁声

声音来自产生一系列压力波的振动。人类只能听到介于每秒20次的低音（20赫兹）到每秒2万次的高音（2万赫兹）之间的声音。所以，放屁产生的振动必须在这个范围内才能被听到。这个产生器就是你的肛门——直肠的外部开口，由内括约肌和外括约肌两组圆形肌肉紧紧控制。

当屁在你的直肠（储存气体和便便的容器）里积聚时，压力就会增加，你会感受到对放屁或大便的需求，因为一组聪明而微小的机械性刺激感受器会向你的大脑发送这样的信息（它们甚至可以区分屁和便便）。当你决定放松你的外括约肌（你无法控制内括约肌），加压的气体就能在你的肛门顺着小洞跑出来。

但为什么在放屁时，你的肛门会振动，发出那种流露轻蔑的声音呢?答案是压力和摩擦力。括约肌只是打开一条缝让屁出来，但当气体移动时，它会在经过的同时把肛门括约肌吸回原位。一部分原因是流速越快压力就越低，一部分原因是放屁的时候气流会绕着括约肌的边缘，还有一部分原因是肛门一打开直肠内的压力就会略微下降。这样可以暂时关闭肛门，但几乎在关闭的同时，压力又会增加一点儿，推动肛门再次打开，降低压力然后再次关闭。这一过程不断重复，直到压力完全降低。只要打开和关闭每秒重复20次以上就可以了。你在听力范围内制造了一系列的压力波，放出一个屁。

你也可以通过收紧或放松你的括约肌来改变屁的声音——你挤得越紧，直肠里气体的压力越高，发出的声音就越尖，因为括约肌越紧，肛门越小，振动就越快。

实验2

怎么把屁装进罐子

不管你是想将屁单独保存进行更仔细的调查，或者只是为了找乐子，想要把自己的屁装进罐子里是很简单的。将浴缸装上水，不要在水里添加任何的盐或起泡肥皂，以免影响气味，然后把自己和罐子一起泡在水里。把罐子完全放在水下，让它装满水，然后把它倒过来放在你的肛门上方。自在释放吧，你会发现气体向上浮起，排出与自身体积相等的水（感谢阿基米德的浮力物理定律），这时你就可以把盖子盖好了。把罐子倒过来，里面装的就是你的屁，浮在剩余的水上面。提醒一句：使用屁之前不要等得太久，因为跟你想的一样，这些气味挥发物是有挥发性的，它们会很快氧化或与其他气体和水发生反应，失去它们的特殊能力，没法完好地保留很长时间。

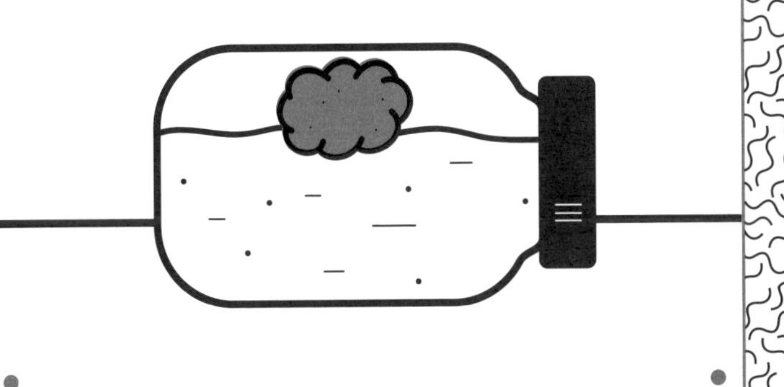

3.06 咳嗽

咳嗽是一个巧妙的流体动力学设计，目的是清除呼吸道中的痰、刺激物和外来颗粒，它遵循一个明确的顺序。首先，空气被深深吸入肺部。然后，声门（声带之间的开口）关闭，使声带闭合。横膈膜放松，腹部紧张，迫使肺部对声带增加气压，最后声门再次打开，让气流猛烈地排出，带着不需要的物质从喉咙排出（最好是进入等在那里的纸巾）。

咳嗽是不好的吗？是啊，这种气流具有相当大的破坏性，只需要咳嗽几次，你脆弱的喉咙组织就会发炎、疼痛。咳嗽还会迫使携带微生物的痰和唾液雾化，并通过空气传播一段长得惊人的距离，将病毒和细菌传播给其他人。虽然咳嗽有助于清理呼吸道，它也可能是呼吸道感染的迹象，比如流感、支气管炎、新型冠状病毒性肺炎或结核病。

另一种咳嗽是我们很容易理解的神经性咳嗽或抽动性咳嗽，也被称为躯体咳嗽综合征。许多人咳嗽是习惯使然，而不是出于医学原因，但我们还并不清楚人为什么会这样做。躯体化指的是将心理困扰转化为身体症状，但在病因或诊断上还没有达成共识。

咳嗽的学问

循证治疗咳嗽的方法很少。止咳药的效果似乎微乎其微。
在美国和加拿大，不建议6岁及以下的儿童服用止咳药。
慈善医学研究机构科克伦协作网（Cochrane）
在2014年的一份综述中总结道：
“没有充分的证据支持或反对非处方药对急性咳嗽的有效性。”
英国国家医疗服务体系明确表示，
止咳糖浆、药物和糖果“不会止咳，但可能会让你咳嗽得少一些”，
“减充血剂和含可待因的止咳药不能止咳”。
然而，仅在英国，每年用于治疗咳嗽和感冒的非处方药
支出就超过5亿英镑（差不多相当于40亿人民币）。
当然，我们都想让咳嗽停止，
帮助我们所爱的人感觉舒服一些。但对儿童而言，
90%的咳嗽不经治疗25天后就消失了。这个数据仅供大家参考。

3.07 笑声

对笑声的研究被称为笑理学。笑是少数几种通用的人类交流工具之一，适用于所有语言和年龄。你在15～17周大的时候就开始笑了，即使是天生耳聋或失明的孩子也能笑。黑猩猩、大猩猩和红毛猩猩等物种会因为挠痒痒、打闹和追逐嬉戏等物理刺激而发笑，而人类是唯一能体验到情绪性发笑的动物，这种笑不需要物理刺激。老鼠有一种玩耍——挠痒痒的超声波笑声（它们在交配时也发出这种笑声），狗在玩耍时发出一种喘息声，海豚在玩耍打斗时发出脉冲口哨声。鬣狗的"笑声"根本不是笑声——它是恐惧、兴奋或沮丧的表现。

人类也会在感到高兴、尴尬、放松，以及听到有趣的故事或概念时笑，甚至是对酒精和笑气等药物产生反应时笑，作为一种应对愤怒、沮丧或悲伤的机制而笑。但最重要的也许是人类把笑作为社会联系的一种形式。研究表明，和别人在一起时你笑的可能性是独自一人时的30倍。你还学会了在礼貌的场合用假笑来表示同意、感谢或只是表示你听到或理解了另一个人所说的话。

和流泪一样（见p156"流泪"），笑的意义及其神经机制还没有被很好地理解。但我们已经发现，笑能促使我们产生内啡肽，从而减少疼痛，让我们感觉良好，同时抑制肾上腺素和皮质醇等压力激素。

笑的学问

笑的身体体验带有一种奇怪的戏剧性，
呼吸、心率和脉搏等重要功能都被控制，
膈膜和声带被迫进行有节奏的抽搐。
笑的时候你无法正常呼吸，如果让外星人看着你笑，
它百分之百会为你的健康感到担忧。
在罕见的情况下，确实有人会把自己笑死，
包括来自英国金斯林的亚历克斯·米切尔（Alex Mitchell），
他在1975年观看喜剧节目《好家伙》（*The Goodies*）的
“功夫人”一集时因笑而死亡。
他连续笑了25分钟，然后因心脏衰竭去世了。
他的遗孀后来给《好家伙》节目写了一封信，
感谢他们让米切尔生命的最后时刻如此愉快。

3.08 关节弹响

我十分熟悉关节噼啪作响这件事，因为我女儿波比时常沉迷于把关节掰响。这一切都与空化有关：微小的气泡在我们的关节中形成，然后破裂。

最容易掰响的关节是位于我们手指底部的第三掌指关节（MCP）。这些掌指关节中的骨头不断挤压和分开，改变了关节内部用于润滑的滑液的压力。当这种运动使滑液中的压力下降时，就会形成小气泡。在碳酸饮料中也会发生同样的现象——打开瓶盖之前，饮料受到压力，在这个压力下，里面的二氧化碳气体在饮料里溶解得好好的。但当你拧开盖子时，压力就会下降，一些二氧化碳会从液体中蒸发，膨胀成气泡。

现在关节的滑液中漂浮着小气泡，接下来就是最激动人心的部分了。如果你把指关节向后掰，就会让相同的滑液中积累压力，随着压力的增加，小气泡就会重新受到压力。它们已准备好破裂并重新凝聚成液体，但这并不是一个缓慢发生的过程——有些气泡破裂得非常快，释放出大量的能量并产生冲击波——这种可听到的冲击波就是关节弹响。

有些人无法弄出关节弹响，一般认为这是由于他们的关节间隙更大，因此骨头之间有更多的滑液。滑液越多，就越难产生足够大的压力变化以使气泡形成和破裂。掰响关节没什么不好——它不会像有些人说的那样引起关节炎。

实验3

罐子里的冲击波

关节处的一点儿凝结气体是如何产生冲击波的？这里有一个特别好又很简单的实验，可以演示背后的物理原理*。准备一个空的铝制饮料罐、一大碗凉水、一对耐热钳子和一个煤气炉或野营燃气炉。冲洗罐子，把大部分水倒出来，只在里面留下几滴。将一大碗水放在靠近灶台或煤气炉的结实表面上，点燃煤气。把罐子倒过来，用钳子把它牢牢夹住。将罐子开口的一面朝下，在火焰上停留10秒钟左右，直到你看见里面出现一些蒸汽。然后慢慢地、小心地把加热的罐子（仍然是倒置的，垂直地拿着）放入水中。罐子里的蒸汽会迅速凝结，罐子会内爆，并发出尖锐的“噼啪”声。这是从气体到液体的相变过程，声音非常嘈杂。是不是突然觉得，关节弹响变得合情合理了？

* 如果你是一个（非常酷的）孩子（我知道这本书对孩子和成年人都很有吸引力），找一个年纪大一点儿的人帮你做这个实验，因为有被烧伤的危险。

3.09 肚子咕咕作响

你的内脏包括一根令人着迷的、一直保持活跃的4米长的管子*，它搅动并推动食物通过你的身体，从口腔开始最终到达肛门括约肌。它们主要利用一种被称为蠕动的肌肉收缩系统，通过一系列的挤压来推动食物，就像挤牙膏**一样。

咕咕作响的肚子（也称腹鸣）不是由食物的运动引起的，而是由于蠕动挤压胃和小肠的部分区域，挤压食物和饮料的混合物通过与其相互作用的气体时引起的。这些气体可以是吞入的空气或代谢过程产生的气体。在你的小肠中，它们可能是碳酸氢钠中和胃酸时产生的二氧化碳；在你的大肠里，它们可能是细菌分解食物的副产品。

这种咕咕的声音即便让人有些难堪，也十分正常。只有当噪声与正常情况不同或完全停止时，才值得担心。医生可以用听诊器听到肚子里的声音，但听不到声音可能才是让他们感兴趣的情况，因为这可能意味着你有肠梗阻或者肠道没有正常蠕动，这两种情况都非常严重。如果你的胃发出的咕咕声的确让你感到困扰，你可以让它们在某种程度上安静下来，方法是吃得慢一些，这样就可以吞下更少的空气，还要杜绝碳酸饮料和口香糖。

* 消化道的长度在2.75～5米之间，估算出的长度差异较大。这在一定程度上是因为活人的内脏几乎一直在收缩，所以比用于医学研究的尸体的内脏短。尸体的内脏是放松的，因此更长一些。

** 这和蚯蚓四处移动的方法是一样的。如果你访问我的YouTube频道GastonautTV，可以找到一些拍摄我肠道蠕动的精彩视频。视频是将一系列核磁共振扫描结果合成而得到的。

3.10 打鼾

打鼾是一个普遍的现象，影响了57%的成年男性和40%的成年女性*，以及我家里包括仓鼠在内的每一种哺乳动物。最大鼾声的世界纪录由凯尔·沃尔克（Kåre Walkert）保持。1993年5月24日，他在瑞典厄勒布鲁地区医院睡觉时打鼾声的最高水平为93分贝。打鼾是一种有趣的现象，它是由小舌**和口腔后部软腭的放松，加上喉咙的放松引起的。打鼾会导致喉部组织阻塞气道，产生气流和振动，就像旗帜在风中飘扬一样。堵塞越大，鼾声就越响。

除了天生的口腔结构之外，打鼾也可能是由过敏、超重、饮酒、鼻塞、镇静剂和睡姿不规律（尤其是平躺睡姿）导致的，或者是由睡眠不足引起的——它既是原因也是症状。其他严重症状包括行为问题、攻击性和挫折感、注意力不集中，以及患上高血压、中风和心脏病风险的增加。

阻塞性睡眠呼吸暂停（OSA）通常与打鼾相关，但它是一种更严重的情况，会导致睡眠中反复呼吸衰竭，听起来往往更夸张，就像一个人正在窒息或者大口喘气。打鼾会导致各种各样的问题，从高血压到代谢障碍、肥胖和抑郁症，所以如果你打鼾的情况非常严重，最好去看医生。

* www.sleepfoundation.org/snoring

** 你喉咙后方那个奇怪的悬垂物，学名腭垂，可以关闭你的鼻咽部，阻止食物进入鼻腔。

3.11 叹气

叹气是一种表达各种负面情绪的万能工具，从身为父母的轻微失望到人际关系相关的深刻伤感。叹气可能是对压力和焦虑的一种反应，但你也会在没有意识到的情况下，出于一个奇怪的积极原因整天不停地叹气。这种自动的“基础叹气”大约每五分钟发生一次，这种现象在许多其他哺乳动物身上也可以看到。

美国加州大学洛杉矶分校和斯坦福大学的研究人员进行的一项有趣的研究发现，叹气是一种重要的反射行为，有助于保护肺功能。你的肺里有5亿个像气球一样的小肺泡，它们整天不停地打开和关闭，以吸入空气，并将血液中的二氧化碳交换为氧气。但偶尔会有一些肺泡塌陷。一个高质量的叹气能让你吸入两倍于正常水平的空气，给肺泡施加压力，让它们重新充气。这有点儿像往一个压扁的饮料瓶子里吹气，让它恢复原来的形状。听起来这可能是个不起眼儿的小问题，但实验证明，经过基因改造的不会叹气的老鼠，最终会死于严重的肺部问题。

医学上对“叹气”的定义是深呼吸后停顿，即叹气后呼吸暂停。叹气可以在运动、说话或睡觉之后，对呼吸可变性进行稳定和重置。过多的叹气会导致恐慌发作，而太少的叹气与婴儿猝死综合征（SIDS）相关。

除了生理功能外，叹气也可能是一种对焦虑、消极和疲劳产生的压力的反应。但加州大学洛杉矶分校和斯坦福大学研究团队的杰克·费尔德曼教授（Professor Jack Feldman）表示，还没有找到其中的联系：“叹气肯定有与情绪状态有关的成分。例如，当你感到压力时，你叹气的次数更多。可能是大脑中处理情绪的神经元触发了叹气神经肽的释放，但我们还没有证实这一点。”

第 4 章
恶心的皮肤

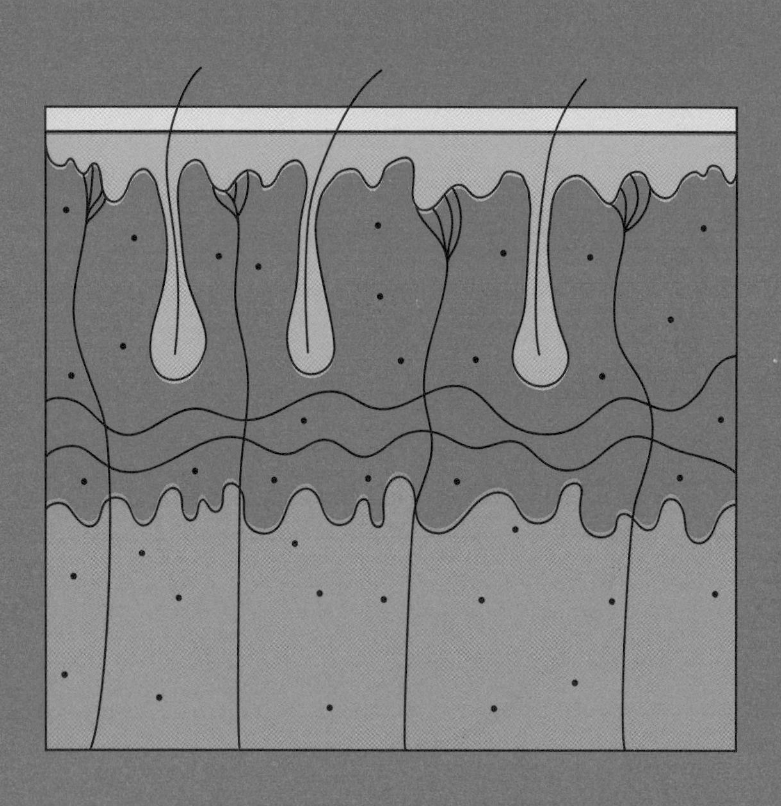

4.01 皮肤科学

人们常说皮肤是人体最大的器官，其表面积大约有1.8平方米。这并不完全正确，因为仅小肠的表面积就至少是小肠的15倍大，还有一些关于间质*是否更大的争论。从重量上看，皮肤是最重的，超过了6千克，轻松击败了排名第二的3.5千克的肠道。但我们还是停止这些无关紧要的研究吧——这些都不重要，因为皮肤是如此特别。

你的皮肤属于多层结构（根据你计算一层的标准，最多可以有7层），总体上有两种类型：有毛皮肤和无毛皮肤。虽然人类是毛发最少的灵长类动物，但你绝大多数的皮肤都是有毛类型的，只有小块的无毛皮肤分布在你的嘴唇、手指、手掌、乳头、脚底和生殖器的局部（男性和女性都有）。

你的皮肤厚度介于肘部的0.3毫米和脚底的4毫米之间。随着表皮深处的皮肤细胞分裂循环，皮肤也处于不断更新的状态。随着皮肤细胞的分裂、增加，它们被缓慢地推向表面，旧细胞死亡，新细胞将其取代。最终，当这些皮肤细胞自己也死亡时，充满了坚硬的角蛋白（这时它们被称为鳞屑或鳞片），会被磨掉或剥落。你可能喜欢看镜子里自己的模样，但你看到的是一个被死亡细胞包裹的人，因为你皮肤的最外层（角质层）都是没有生命的细胞。每平方厘米的皮肤上每小时就有500～3000个细胞脱落，这意味着每60分钟就会失去60万～100万个甚至更多的死皮细胞。每30天你就会更换整个

* 间质是由充满液体的灵活结缔组织空间组成的网络，遍布全身，是淋巴液的主要来源。它也是一个保护层，有点儿像汽车的悬挂系统，在你的身体器官工作时对它们的弯曲和膨胀进行缓冲。

表皮，这个过程每年会产生约500克的人体灰尘。

皮肤有很多功能：它保护我们的内部结构免受日常磕碰、划伤和微生物入侵，但它也是我们的环境界面，是我们与世界之间一个多孔的、防水（但并非不透水）的边界。它像蛋壳一样是半透明性的，通过各种腺体渗出汗液等液体，但可以通过吸收作用让氧气进入（直径小于40纳米的纳米颗粒可以穿透）。这一点至关重要，因为你的皮肤外层没有毛细血管为它们提供含氧的血液，所以它们别无选择，只能从大气中获取氧气。

皮肤的学问

死皮细胞在室内灰尘中的比例可达20%~50%。

有些文身使用的颜料是磁性墨水，如果去做核磁共振
（扫描过程中，你需要躺在一个巨大的强磁铁里），
文身会刺痛甚至有灼烧感，当然，这种情况非常罕见。

你的每平方厘米皮肤上就有接近10亿个细菌——
按平均1.8平方厘米皮肤面积计算，
每个人的身体表面有1.6万亿个细菌。

吉尼斯世界纪录中皮肤最有弹性的纪录保持者是加里·特纳
（Garry Turner），他可以将腹部的皮肤拉伸15.9厘米，
并将脖子上的皮肤拉到嘴巴和鼻子上方，就像一个绳套。
即便这样，他的皱纹还是非常少。
他患有一种罕见的遗传病——埃莱尔-当洛综合征，
会严重削弱皮肤、血管和关节的功能。
它的发生率约为五十万分之一。
这种疾病会影响人体的胶原蛋白纤维，
使其“无序”，进而使皮肤又薄又有弹性。
加里·特纳比大多数人更容易被割伤和擦伤，
还需要忍受关节的剧痛。

4.02 青春痘

回想起十几岁时的青春痘，它们真是坏了我的不少好事。青春痘主要有三种形式：紧实的黑头、可怕的脓包白头和烦人的红疙瘩。红疙瘩可能会变成黑头或白头，也可能不会变成黑头或白头，变还是不变取决于那天粉刺之神的心情。所有因为青春痘去看过医生的人都知道，青春痘没有简单的解决办法。唯一有用的建议也是最没用的建议："不要挤青春痘。"我们都很清楚，但也不耽误我们都挤痘痘。生活就是这样。

青春痘是一种主要影响青少年（尤其是男孩）的恼人的、长期的、常见的皮肤疾病，具有寻常痤疮的典型特征。但它也是帮助成年人减少抑郁的重要工具，即便他们知道自己最好的日子已经成为过去时。痤疮是如此普遍，以至于80%的人都会在他们生命中的某个时刻遭受它的折磨。这种慢性炎症虽然名字很简单，却能让你和"梦中情人"约会的日子变得很麻烦。

黑头粉刺

黑头的正式名称是开放性粉刺，其背后的机理很简单。油性皮脂不断渗进我们的毛囊，使我们的头发保持亮丽的光泽。与此同时，这些毛囊的保护层不断脱落。内层碎片和皮脂通常会来到皮肤表面，随着身体的运动被扫除。但有时它们也会被困住，当这种情况发生时，皮脂在毛囊中堆积，而皮肤细胞碎片随着黑色素氧化而变黑。这样会堵塞毛孔，产生黑头。它被称为"开放性"粉刺，是因为粉刺上方没有皮肤覆盖。困在粉刺下面的死细胞会引起细菌感染，通常会有金黄色葡萄球菌和痤疮丙酸杆菌。让人稍有安慰的是，黑头通常可以挤出来（但你当然不应该这么做啦）。

白头粉刺

封闭式粉刺被亲切地称为“牛奶旅馆”，它与开放性黑头粉刺的不同之处在于，覆盖它的是一层皮肤而不是皮脂栓。当被困的细胞碎片被细菌感染时，白细胞就会赶来杀死它们。任务完成时，它们会死亡并变成脓液。同样，白头也是可以挤出来的（当然你也不应该这么做）。

你不应该挤粉刺，因为每挤一次粉刺都会在皮肤上留下一个小开口，刚刚挤出来的脓液，感染细菌的黏稠物可能再次让你感染。这种感染是危险的，而且更容易留下疤痕。如果你不管痘痘，它们最终一定会自动消失。这是一个很好的建议，虽然我知道你并不会照做，但我还是要不厌其烦地劝你别去挤青春痘。

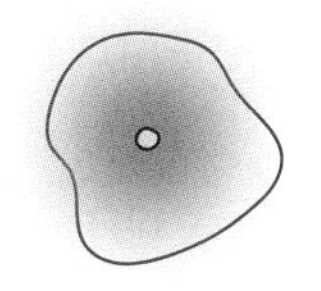
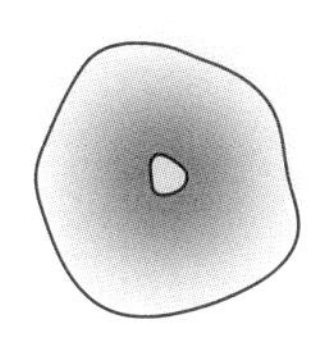
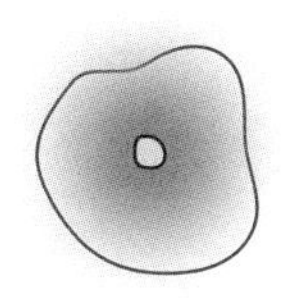

4.03 疖子和痈

人们很容易把疖子想象成火箭驱动的巨型粉刺，但事实上它的位置更深，也更危险。疖子的医学术语是疥疮，尽管它与青春痘相似，但它们扎根于皮肤深处，是更让人痛苦的毛囊感染，严重时还可能危及生命。疖子的问题是它们真的很疼。与粉刺不同的是，疖子通常是由化脓性链球菌或特别讨厌的金黄色葡萄球菌引起的，这些细菌在皮肤深处繁殖，被巨噬细胞（见p26）攻击和吞噬。吃掉几个细菌以后，巨噬细胞的酶供应耗尽，之后死亡。它们与其他被吞噬的细胞、未被破坏的细菌和死亡的组织一起，组成了我们所知的黄色脓液（见p24），当脓液在发炎的皮肤下积聚时，疼痛加剧。还记得我大概4岁的时候，有一次躺在豆袋上，妈妈试图挤掉我屁股上的一个疖子，而我在屈辱和痛苦中尖叫。真是可怕的回忆。

如果你不幸长了几个连在一起的疖子，那就是痈。疖子和痈都能长到高尔夫球的大小。它们也可以长在你的眼睛附近，这种情况下，它们被称为睑腺炎。疖子里的细菌具有传染性，很容易传染给其他人。如果它们进入你的血液，也会变得很糟糕，甚至危及生命。永远不要挤鼻子或嘴巴周围的疖子，以防感染进入附近给大脑供血的血管，那后果可能会非常严重。

疖子的学问

那么，当你的疖子大得快要爆开的时候，该怎么办呢？

首先，不要挤它，

原因我刚刚已经提到了（要是当时有人告诉我妈妈就好了）。

再次感染和传染都可能造成很严重的后果，

所以要马上去看医生，医生会进行检查，

然后很有可能会将它切开。

医生可能会给你开抗生素，

但金黄色葡萄球菌令人讨厌的一点就是它能产生抗生素耐药性，

所以，如果医生没有给你开药而只是告诉你要保持疖子部位的清洁，

也不必感到意外。

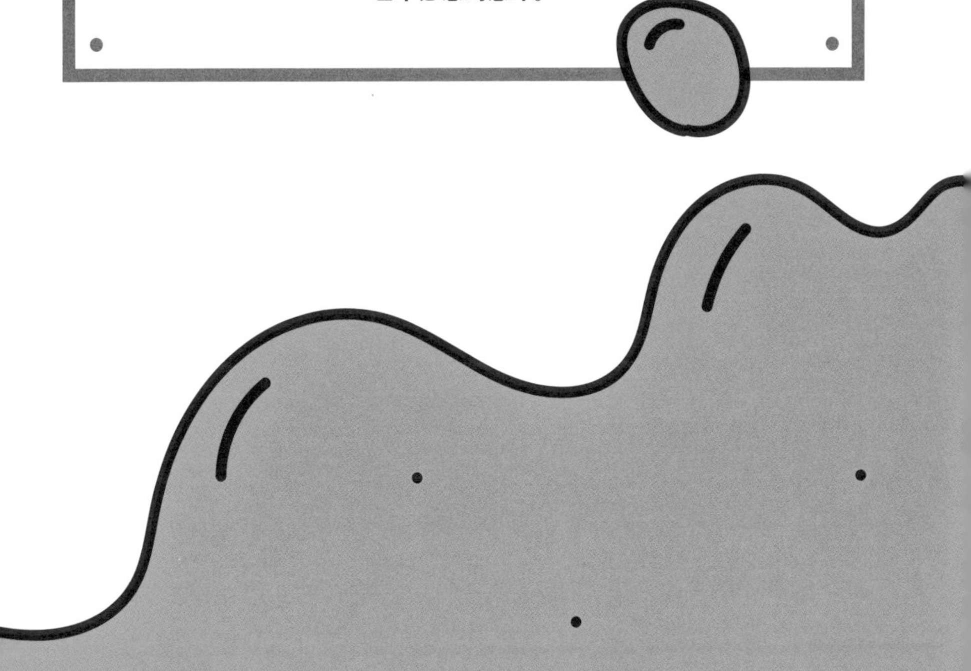

4.04 股癣

腹股沟发痒从来不是一件有趣的事，股癣也不例外。这是一种发红、发痒、令人尴尬的、具有传染性的腹股沟真菌感染，患者通常是患有脚癣、指甲真菌感染和出汗问题的男性。无论你身在世界的哪个位置，真菌都是引发股癣的罪魁祸首，但抗真菌药物通常能有效治疗。如果你是易感人群，试着穿宽松的衣服，同时保持腹股沟干燥——真菌感染更容易发生在温暖、黑暗、潮湿的环境中。不用多说，真菌感染时要避免与别人的腹股沟发生摩擦。

4.05 痣

痣是非常常见的皮肤病变。大部分人身上都有10~40个痣。它们有各种各样的形状、大小和颜色，它们可以出现、消失，或者毫无征兆地改变外观。黑色、粉色、红色甚至是蓝色的痣都是很常见的。

绝大多数痣是完全无害的（但听起来很夸张的）黑色素细胞肿瘤。这些良性肿瘤是产生黑色素的黑色素细胞群，它们运转不良产生了局部过度生长的深色色素细胞。我肚子上长了一个毛茸茸的痣，我不知道自己是喜欢它更多还是讨厌它更多。

痣会在非常偶然的情况下发生癌变，主要迹象是突然变化和不均匀。如果你的痣的边界不清晰，颜色不均匀，出现了一种以上的颜色，变得更大，开始发痒、剥落或出血，最好去看医生吧。

痣的学问

什么是美人痣，并没有严格的定义，
但它们通常是黑色素细胞肿瘤——与我肚子上的痣类似。
历史上有好几个时代，
人造痣曾是一种时尚，
要么用化妆品，
要么用一种叫作“mouche”
（法语，意思是“苍蝇”）的小贴片贴在皮肤的某处。
这种小贴片还可以用来隐藏梅毒疮和天花疤痕。
在我看来，
最著名的美人痣是玛丽莲·梦露的，多莉·帕顿也榜上有名。

4.06 胎记

皮肤不规则的形式多种多样，将一种称为痣而另一种称为胎记，这是毫无意义的，因为对这两个词都没有严格的定义。但不可否认的是，胎记会和一些浪漫的想法联系在一起。我脚上的胎记是有颜色的，藏在皮肤深处，也不突出，看起来像一个小瘀伤。它没什么大问题，还给我完美的身体提供了急需的小瑕疵。你的胎记可能更不同、更酷。

胎记主要有两种：色素胎记和血管胎记。色素胎记包括蒙古斑，是常见的蓝色胎记，看起来有点儿像瘀伤，通常会在青春期前消失。有着好听名字的“欧蕾咖啡”斑是一种扁平的浅棕色胎记，它的产生有很多可能的原因。当然，如果你想给自己的身体增添一些浪漫的话，也可以把任何一个老痣称为胎记。

血管胎记包括漂亮的隆起的“草莓胎记”（也被称为婴儿血管瘤），这种胎记稍微向外凸起，通常几年后就会消失。还有很多婴儿出生时都有的“鹳吻痕”。这些位置的毛细血管比正常情况粗一些，呈现红色、发炎似的外观，这种情况通常会在两岁前消失。

有些胎记可以通过激光、类固醇或手术去除。但去掉你的个性标志似乎很可惜。我们应该学会爱胎记和那些有胎记的人——当然我也知道，生活、社会和刻薄的人会让事情变得复杂。

4.07 拇囊炎

拇囊炎也被称为拇外翻，没有人知道发生拇囊炎的确切原因。它是大脚趾关节的畸形，使脚呈现出奇怪的菱形——因为关节朝着远离其他脚趾的方向向外突出，而大脚趾的前端向内。对于知识储备不足的人来说，拇囊炎看起来就是穿了过紧的高跟鞋引起的症状，而且确实女性的发病率要高于男性。高达23%的成年人患有拇囊炎，研究人员在14—15世纪英国人的骨骼中发现了拇囊炎的大量证据，而这一时期正是尖头鞋流行的时期。

拇囊炎会引发疼痛，甚至需要手术，所以嘲笑患者不是一个明智的举动。在我长大的地方，有一个名叫比尔·本扬（Bill Benyon）的保守党议员，出于某种原因——可能是对时髦政客的不屑，也可能是一种完全不公平的想法——我们在学校唱了一首关于他的歌，歌词是“比尔·本扬得了拇囊炎，他的脸像腌洋葱”。就说这些吧。

4.08 疣

疣是由人乳头瘤病毒感染引起的乳头瘤（良性肿瘤，通常长在皮肤上，较少见长在黏膜上）。疣有很多不同的类型，从常见的长在眼睑或嘴唇上的细长丝状疣，到可以长在身体的任何地方的更普通、更粗糙、更坚硬的常见疣（寻常疣）。疣非常常见，而且很难杀死，因为病毒对干燥和高温都很耐受（只有温度达在100℃时才会死亡），紫外线辐射对去除疣也有一定的作用。

疣已经折磨人类数千年了，希波克拉底在公元前400年就写过关于疣的文章，但直到1907年，朱塞佩·丘弗医生（Giuseppe Ciuffo）才发现疣是通过病毒传播的。疣不需要任何治疗，通常在几个月或几年后就会自动消失，但有些情况可以通过冷冻疗法或使用水杨酸来治疗。

疣一般只会让人感到烦恼或尴尬，但有一种臭名昭著的脚部疣（或称足底疣）会很深、很痛。有时，它们中间会有黑色斑点，也经常长在脚底的受力点上，很折磨人。

4.09 皱纹

不管我怎么告诉你要喜欢自己的皱纹，你可能都没办法做到。其实，大可不必。皱纹，驱动了价值1390亿英镑的全球市场，预计到2030年将上升到3060亿英镑，而这个市场最强大的驱动力是什么？是老年人口。

皱纹是衰老过程中不可避免的一部分。关于它们形成的原因有各种各样的理论，比如错误修复积累理论，但基本上都可以归结为一个事实：你的皮肤是一个复杂的器官，当你走动、微笑、亲吻或把脸压在火车窗户上时，你的皮肤在不停地进行拉伸。最重要的是，摧残它的还有天气冷热变化导致的收缩，大风和热量导致的干燥，大气和太阳造成的紫外线损伤，与冲积漫滩相当的侵蚀和沉积损伤，皮肤修复过程中的变化……面对现实吧，你的皮肤能始终像现在这么好那才让人惊讶。

皱纹有趣在哪儿呢？当你在浴缸里泡太久时，会发生暂时性的水浸褶皱，很有趣，也是一个存在大量争议的研究领域。各种各样的研究已经证明，这种奇怪的褶皱对进化有益，因为它能让你在潮湿的环境中更好地进行抓握。有趣的是，如果你切断连接手指的某些神经，褶皱就不会再产生，这意味着发生的不仅仅是渗透作用（水进入皮肤以平衡电解质），还有神经系统的一部分作用。目前这一理论还有待“证明”，但非常值得关注。

第 5 章
尴尬的小事

5.01 男性乳头和阴道

男性会分泌乳汁，甚至会有微小的退化阴道。是不是让人意想不到？进入这个话题之前，让我们先来讨论一下身体的退化部分——身体残留的无用的部分。它们通常是曾经必要，但如今不再需要的功能留下的一种进化痕迹。那为什么我们还留着它们呢？主要是因为摆脱它们并不是进化的优先事项。如果乳头消耗代谢能量，或者在某种程度上阻碍了男性的繁殖，那么几乎可以肯定它们会被淘汰。但如果它没坏，为什么要修呢？*

但是为什么乳头最开始会出现呢？你可能会惊讶地发现，其实我们生来都是女性。在发育的最初几周，男性和女性的胚胎都遵循类似的基因图谱，开始创造自己的身体部位，这也包括了乳头和阴道。只有在6～7周后，Y染色体上的一个基因（男性独有）才会引起改变，从而启动睾丸的发育。9周时，胎儿开始产生睾丸激素，它会改变生殖器和大脑的基因活动，阻止包括乳房在内的多个器官的发育。但时间有点儿晚了，伙计——你已经长出了乳头，没法消除。

不仅仅是乳头，所有的雄性哺乳动物也有退化的乳腺和乳腺组织——这些也是生产乳汁所需的所有器官。毕竟，“哺乳动物”一词来源于拉丁语“mamma”，意思是乳房。雄性俾斯麦面具飞狐和达雅克果蝠都能分泌乳汁，也有男人分泌乳汁的案例（当然，这种例子不是很多，但被很好地记录

* 我知道，进化不是有知觉的存在，但你明白我的意思。

了下来）。人们认为，当脑垂体功能失调时，男性会分泌过多的催乳素等激素，诱发泌乳。

在男性睾丸的附件上甚至还有子宫颈、子宫和输卵管微小的残留痕迹。男性也有一个退化的阴道——男性阴道（更通俗的叫法是前列腺胞囊），是男性生殖器中一个不通往任何地方的导管。知道它没用，但谁能想到它是这么没用呢！

其他退化的人体部位包括尾骨（见p102）、智齿和大部分的体毛。阑尾也曾被认为是完全没有用的结构，但最近的研究表明，它可能是有益的肠道细菌的来源。其他动物的身体部位也会退化，包括鹤鸵、鸵鸟和几维鸟等不会飞的鸟类的翅膀。有些鲸鱼有后腿骨，这也很让人奇怪。

乳头的学问

男性和女性都可能患有多乳畸形，
也就是多生（多于两个）乳头，而且这种情况非常普遍。
包括哈里·斯泰尔斯、莉莉·艾伦和
蒂尔达·斯文顿在内的多位名人都有这个毛病。
关于这一现象的研究相当多，得出的患病概率也相当可疑，
从德国儿童患病率的5.6%到匈牙利儿童患病率的0.22%，
所以，研究方法可能不是特别可靠。
多余的乳头通常体积小，外观像痣，
长在躯干前部，但也可能出现在包括手在内的任何地方。
它们可能是不寻常的乳晕样皮肤着色，
也可能是丰满的额外乳房——也就是乳头的下面有乳房组织。

5.02 经血

把讨论月经（在某些情况下）当成一种禁忌很奇怪，因为它是人类存在的基本组成部分——而且它真的是一个神奇的过程。这里给那些没有认真上生物课的人科普一下。女性的黄体酮水平每隔28天左右就会下降（除非她们怀孕了），触发血液和黏膜组织从子宫内膜脱落，再通过阴道排出。这个过程可以持续2～7天，是人体另一种非凡的细胞再生活动。排出的经血量差异很大，每个周期的平均值是35毫升。经血是暗红色的，其中一半是血液，含有不同比例的钠、钙、磷酸盐、铁和氯化物。另一半则由死去的子宫内膜组织、富含蛋白质的阴道分泌物和宫颈黏液组成。

5.03 粪便

粪便听起来太正式，便便听起来太幼稚。但我们还是用粪便*这个说法吧。天知道为什么我们这么害怕讨论消化过程的后一阶段——它和我们的其他任何重要功能都一样必不可少。

你通常每天产生100~200克的粪便。根据你当天摄入的食物、你的健康状况和你的微生物群落数量，粪便通常由33.3%的水和66.6%的固体组成。你的粪便中大约30%是包括纤维素在内的不溶性膳食纤维，30%是细菌（活的和死的都有），还含有10%~20%的磷酸钙等无机物、10%~20%的胆固醇等脂质、2%~3%的蛋白质，加上少量从你的肠道内膜脱落的死细胞、从红细胞残骸产生的黄褐色的粪胆素和尿胆素，以及死亡的白细胞。布里斯托大便分类法提供了一个很好的标准，方便你不用借助实物照片就能把自己大便的状态分享给感兴趣的人（不然可能会让你的朋友们感觉古怪）。1997年，布里斯托尔皇家医院研发出了这个大便量表，描述内容从最干燥的1型“单独的坚果状硬块，很难排出”，到4型“像香肠或蛇一样光滑柔软”，再到7型“稀薄，没有固体块，完全是液体”。尽管我更喜欢通过不同的饮食让自己的便便呈现出布里斯托大便量表中的不同型**，但目前我的粪便属于健康但无趣的4型。

* 顺便说一句，我劝你马上放下这本书，赶快去买一本我写的《一本正经屁学》，这本书对粪便介绍得很详细，对屁介绍得更详细。

** 然而，大多数医生都很清楚，他们希望你保持在3~5型的范围。

你的直肠末端有两组括约肌，你通过它们来排便：一个是你无法自主控制的内括约肌，另一个是你可以自主控制的外括约肌。顺便说一句，当你费力地把一坨不情愿的便便推出肛门外时，你正在进行的就是名称华丽的瓦萨尔瓦捏鼻鼓气法。这是一种试图在紧闭声门的同时呼气的动作，会增加胸腔和腹部的压力，帮助你将直肠的内容物向下压，但它也会提高你的血压，并启动一些非常复杂的心血管活动。这些压力可能导致裂孔疝，甚至是心脏骤停，而在你停止挤压后，血压的短暂下降本身就能导致昏迷。所以，一定要慎用这种方法。

便便非常有用。它是一种很好的肥料，我在印度农村的墙上看到牛粪被晒干后用作生火的燃料。不好的一面是，你的每一克粪便都含有400亿个细菌和1亿个古菌（一种没有细胞核的单细胞生物），其中一些可能造成威胁。粪便通常是霍乱暴发的主要原因，所以需要小心。

便便的学问

有些人，包括我在内，
吃过甜菜根后大便会变成鲜红色。
这是因为我们没有完全分解让甜菜根显色的紫色甜菜素。
如果你忘了前一天晚上吃了甜菜根，
或者不知道蛋黄酱里有甜菜根，
排出鲜红色的便便时肯定会被吓到！
我的是浓郁的、很有戏剧性的“出大事了”风格的血红色，
但我的尿却不改本色，真是太可惜了。

5.04 尿液

根据饮食不同和体力活动的程度，女性每天产生大约1升尿液，男性产生大约1.4升尿液。尿是微酸性的，是去除水溶性废物，尤其是细胞呼吸过程中产生的富氮物质的绝佳工具。这些物质包括尿素（广泛用作肥料）、尿酸（如果血液中尿酸过多会导致痛风）和肌酸酐（肌肉代谢的副产品）。含有这些富氮物质意味着你的尿液是一种极好的肥料，你的花园会感谢你用它好好浇灌。你还可以将尿与粪便混合，制成硝酸钾——它和硫黄、木炭是组成火药的基本成分。

尿尿的正式说法是“排尿”。你产生的尿液是微酸性的（pH约为6.2），通常95%是水。尿液是黄色的，因为它含有红细胞分解产生的尿胆素化合物。有些人在吃了甜菜根后，尿液会变成粉红色，因为他们的身体无法分解使甜菜色泽浓郁的鲜红色甜菜碱化合物。芦笋会让你的尿液散发出浓厚、恶臭、泥土的味道，有些人在吃了膨化的小麦后，尿液闻起来会像膨化小麦的味道。

纵观历史，尿液有着许多迷人的用途。在古罗马，尿液被用作清洁液、牙齿增白剂以及衣服的染色和清洗剂——主要是因为尿素能分解成氨，有利于清洁，而且具有很强的杀菌作用。中国浙江东阳有一道菜肴叫“童子蛋”，就是把鸡蛋浸泡、煮熟，然后用童子尿腌制，当地人认为它对健康有益，但有多少外地人敢尝试就不得而知了。

尿液的学问

关于尿液的用途，有一些奇怪的说法，
而且并不科学。
首先，它对治疗水母蜇伤没有帮助。
尽管有许多关于自动排尿疗法（喝自己的尿液）的健康主张，
但并没有科学依据可以支持这个观点。
喝入太多的尿并不是一个好主意，
因为尿液不是无菌的，
它包含多种毒素，也含有大量的富氮化合物，
这些富氮化合物可是你的身体花了很大力气才摆脱掉的。
当你脱水的时候，绝望地喝一杯尿怎么样?
遗憾的是，由于尿液中盐的含量很高，
喝尿可能会适得其反。

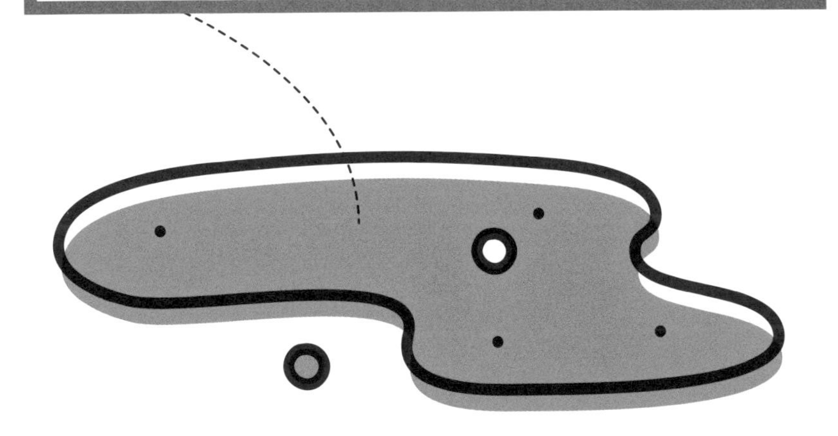

5.05 看不见的人体垃圾

你的身体会产生很多废物，但其中很多是看不见的。在细胞呼吸过程中，身体的每个细胞都发生一系列代谢反应，利用氧气分解从食物中提取葡萄糖燃料，以获得化学能。这是一种燃烧反应，就像汽油驱动的汽车发动机一样，会产生二氧化碳和水。

你看不到也闻不到二氧化碳，但你制造了大量的二氧化碳：你吸入的空气中含有0.04%的二氧化碳，但你呼出的空气中含有4%的二氧化碳*。说它是废气一点儿没错。

你的身体处于持续更新的状态。你的皮肤占你体重的16%，皮肤的外层每个月都会完全更新。红细胞每4个月更新一次，味蕾细胞每10天更新一次，小肠内膜每2 ~ 4天更新一次。你的骨骼中每年有10%的细胞被替换掉。脂肪细胞可以说相当恼人，能用整整8年，只有眼睛的晶状体等少数组织会在你的一生中保持不变。你身体的某些部分不断脱落，或者随着各种体液排出体外，也有许多细胞会被吞噬细胞吞噬。吞噬细胞会将膜蛋白、可溶性蛋白、激素和脂类等废物排到血浆中，这一过程被称为“胞吐作用”，然后这些废物要么被循环利用，要么以某种方式从你体内排出去。

以色列雷霍沃特魏茨曼科学研究所（Weizmann Institute of Science）的科

* 尽管气候怀疑论者声称，你的呼吸并没有增加温室气体排放——它只是光合作用循环的一部分，将水和二氧化碳转化为氧气和可储存的能量，为你提供食物。当你呼气时，你只是将那一份二氧化碳和水返还到大气中。

学家们计算出，人体内每天大约有3300亿个细胞被替换掉，几乎占所有细胞的1%。你美丽的身体包含大约37万亿个细胞，所以这相当于每80~100天你就制造出了一个新的自己。

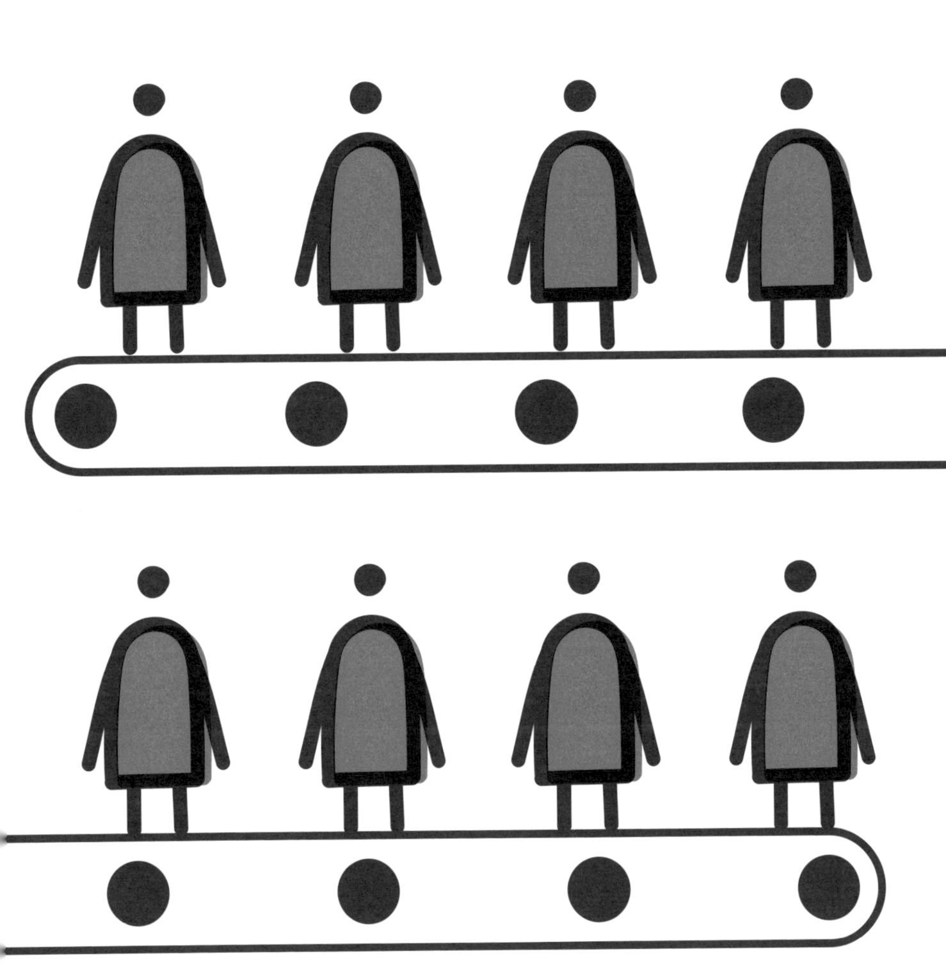

5.06 肚脐

像所有正常人一样，我整天不停地摆弄我的肚脐*。脐带将你与母亲的胎盘连接起来，而肚脐只是脐带的残余部分形成的疤痕组织。虽说所有胎盘哺乳动物都应该有一个肚脐**，但我还没有在我的狗狗身上找到它的肚脐。

脐带为未出生的婴儿提供营养和氧气，并运送废物。脐带由两条动脉和一条静脉组成，上面覆盖着一种名为“沃顿胶”的黏性物质，胎儿出生后，这种物质会使脐带收缩，并在大约3分钟内将脐带闭合。

婴儿出生后不久，脐带会被夹住，然后用剪刀剪断。在现场经历这个过程会感觉非常可怕，但由于脐带中没有神经，婴儿也没有什么感觉。（组成肚脐的脐带内部残余部分也没有任何感觉。来吧，戳一下你的肚脐。我刚试过，什么感觉都没有哦。）通常在婴儿出生后两周左右，脐带留下的小残肢会逐渐变色，最后变黑脱落。虽然你可能很想把它做成钥匙圈，但最好还是扔进堆肥箱吧。

* 你们也会这样做，对吗？一些人患有肚脐恐惧症，它的英文名是omphalophobia，与威利·旺卡巧克力工厂里勤奋的员工奥柏伦柏人（Oompa-Loompas）很像。

** 有胎盘的哺乳动物太多了，所以列出那些没有胎盘的更容易——它们来自单孔目，一个包括鸭嘴兽和针鼹的华丽类群，以及包括袋熊、袋食蚁兽、负鼠、豚足袋狸和袋鼠在内的有袋目下纲。

肚脐的学问

2012年，

美国北卡罗来纳州立大学的研究人员开展了“肚脐多样性项目”，

以调查我们肚脐内的微生物。

他们从数百人身上采集了样本，

仅在最初的60个样本中就发现了2300种不同类型的细菌，

其中许多细菌只存在于单一被研究者身上。

研究发现了许多非常常见的表皮葡萄球菌，

以及亮黄色的黄体微球菌和假单胞菌。

研究人员还得出了其他有趣的结论：

只有4%的参与者有外凸肚脐。

脐橙的“肚脐”对着茎，

是发育不全的二茬果嵌在主果的果皮上。

5.07 瘀伤和吻痕

瘀伤

在医学术语中，瘀伤被称为挫伤，是一种组织血肿（局部内出血）。在这种情况下，某些形式的创伤导致红细胞从携带它们的毛细血管中泄漏，进入周围的组织。关于瘀伤最有趣的事情之一是它们的颜色会发生变化，原因是一系列分解代谢反应分解了流出的血液。红细胞中的血红蛋白最初会让你的皮肤呈现红、黑、蓝色——皮肤会吸收更多的红光，将更多的蓝光反射到我们的眼睛里（这也可以解释为什么你手上的静脉看起来也是蓝色的）。

一旦红细胞来到毛细血管外，它们就不能正常工作了，需要被你的身体清除，所以吞噬细胞就来消灭它们。当这些吞噬细胞分解红细胞中的血红蛋白时，一系列反应开始了。首先产生了胆绿素，它使瘀伤看起来是绿色的。接着，吞噬细胞将胆绿素分解为胆红素（使我们的尿液变黄的色素之一），使瘀伤变黄。然后再将其分解为含铁的血黄素，使瘀伤变成棕色。

吻痕

吻痕只是被吸出的瘀伤，而不是撞击造成的。根据思考角度的不同，它们要么被视为叛逆的象征，是用来惹恼父母的坏孩子的徽章，要么是幼稚和急切的愚蠢标记。如果你真的想论证吻痕的进化意义，倒是可以指出，包括猫在内的许多动物，在交配前和交配期间会咬对方的脖子。

自称能消除吻痕的建议有很多，但除了典型的RICE口诀（Rest，Ice，Compression，Elevation——休息，冰敷，压缩，抬高）以外，其他方法都是没用的。只要你的身体健康，吻痕就像其他瘀伤一样，会在两周内消失。有报道称，一名新西兰女子在主动脉旁被人吻了一下，血液凝块进入心脏，导致中风，但报道称她后来完全康复了。那就没事儿了。

5.08 热吻

正式的说法叫接吻，根据技巧的不同，接吻会用到大约34块面部肌肉，包括嘴唇中的圆形口轮匝肌（你的嘴唇实际上是括约肌，这可能是我最喜欢的一项事实）。黑猩猩和倭黑猩猩等许多物种都会亲吻，我的狗会在我回家的时候舔我（这可能也只是因为他舔我的时候我总是会笑，还展示出对它的喜爱）。当然，我们这里说的不是脸颊上的一吻，我们说的是浪漫的吻，舌头什么都用上的那种。

接吻的科学被称为“亲昵学”，尽管人们对它进行了大量研究，但我们不知道人类接吻的根本原因，尤其是在接吻可能如此危险的情况下。接吻过程会交换唾液，同时也可能交换了各种各样的细菌，让你感染感冒、梅毒和单纯性疱疹等疾病，所以你可能会认为接吻不具有进化优势。目前还不清楚我们接吻是出于本能，还是从父母和同龄人那里习得的行为。

我们所知道的是，它涉及生物学和心理学，对于选择伴侣很重要。《进化心理学》（*Evolutionary Psychology*）上的一项研究表明，亲吻潜在的伴侣可能会毁掉这段关系，女性接吻是“为了建立和监控她们的关系状态，并评估和定期修正伴侣的忠诚度”，男性则“倾向于把接吻作为达到目的的一种手段——获得‘性恩惠’或取得和解”。研究人员总结说，这意味着接吻是一种“伴侣评估技巧”。青少年都被这个结论吓得不轻:“不是吧……”

接吻会触发大量提升情绪的生物化学反应，刺激催产素（与爱情的感觉、社会联系和性吸引力有关）、多巴胺（与快乐有关）和内啡肽（与幸福有关）的释放，并抑制与压力相关的皮质醇。研究发现，更频繁的接吻，即使受试者只是按照研究人员的指示提高接吻的频率（不是因为受试者想要接吻），也能使“主观压力、关系满意度和血清总胆固醇”的情况有所改善。

热吻的学问

一个像样的吻可能会把10亿个细菌从一个人转移到另一个人身上，同时还会转移0.5毫克盐、0.5毫克蛋白质、0.7微克脂肪和0.2微克各种食物和其他东西。

5.09 睾丸挫伤

男儿膝下有黄金，但是一拳打在裤裆上，再坚强的男儿都要下跪。读到这篇文章的女士们要知道，睾丸挫伤会让男人经历一种奇怪的上升性的疼痛和恐慌：疼痛更多集中在腹部，而不是睾丸（恐慌来自担心他们成为父亲的机会会因此终结）。睾丸挫伤会让人痛苦到呕吐。

在这些夸张场面以及疼痛发生的令人困惑的位置背后，是腹部和阴囊其实共享一套神经和组织。当婴儿还在母亲子宫里的时候，睾丸就在它的腹腔内发育，然后在发育到3～6个月的时候下降到阴囊，但强有力的物理联系仍然存在。更糟糕的是，如果撞击导致精索扭转——称为睾丸扭转——会切断血液供应，使情况变得非常严重。所以别再觉得这件事好笑了。

为什么会这么痛苦？睾丸在生殖过程中起着至关重要的作用，但它长在体外很不安全，所以为了不顾一切地保护它们，进化为男性提供了高度集中的神经末梢。这让睾丸极其敏感，即使是轻轻敲击睾丸，都如同敲响了痛苦的警钟，提醒它们的主人要对它们多加照顾。总的来说，它们长在体外这个事实本身就非常令人意外，常见的理论有几种。产生精子所需要的温度范围很精确，比我们平常的体温37℃要低，但没有人知道为什么人类没有进化成一种不同的结果——大多数哺乳动物的睾丸都在体内，鸟类的也是（它们的核心体温非常高），所以可能另有原因。也许女士们就是喜欢它们的样子？我的意思是“把它们当作性选择的工具”。

睾丸挫伤的学问

如果你遭遇了睾丸挫伤，疼痛会在1小时内消失，
但如果疼痛持续的时间比这长，
或者你发现了瘀伤，那就要赶紧去看医生。

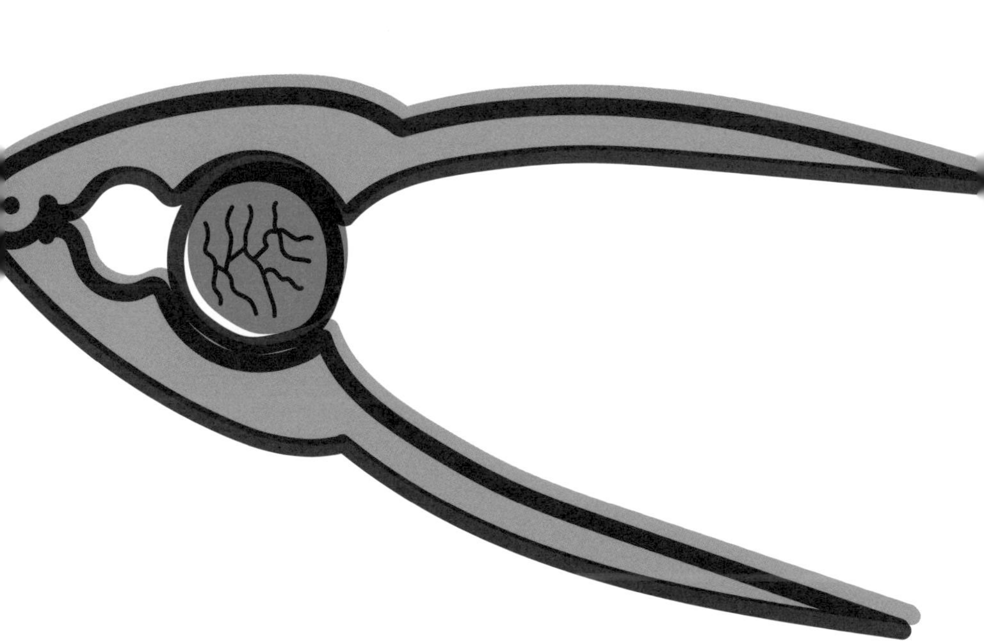

5.10 人类尾巴

你可能已经知道，脊椎底部的尾骨是我们类人猿祖先的尾巴留下的微弱进化痕迹，但你知道你曾经在出生前拥有一条大得惊人的尾巴吗？是的，你的胚胎在4～5周大的时候，有10～12节椎骨在尾巴上热情地发育着，长度占到整个脊椎的1/6。在那之后，奇怪的事情发生了：尾巴开始消失。就好像你的基因突然想起，他们创造的是一个人，而不是一条拉布拉多犬，于是尽管已经努力造出了尾巴，还是决定放弃它。

原来，你的基因蓝图包含的元素比创造最终版本的你所需要的更多，所以它们被关闭，启动了预定程序的细胞死亡（称为细胞凋亡）。在怀孕的第8周，胎儿的第6到第8节椎骨及其周围组织被消灭，最后只剩下尾骨。

然而，在罕见的情况下，这种尾部退化没有完成，本应关闭的基因被重新激活，尾巴又开始生长，导致婴儿出生时有一个很小的尾巴，上面会有完整的肌肉、结缔组织、正常的皮肤和毛囊。英国医学杂志（*BMJ Case Report*）2012年的一份病例报告，详细记录了一名3个月大的女婴11厘米的尾巴被成功切除的细节。最让人不安的是，这条尾巴看起来像一根又长又细的手指，不是直接从尾骨伸出来的，而是稍微偏左一点儿。它的生长速度也快得惊人，在女婴3个月大的时候就长到了11厘米。幸运的是，这种情况非常罕见，有记录的案例只有40个。

5.11 屁股

除了生殖器，我想不出还有什么身体部位，像我们设计完美、皱巴巴、毛茸茸的屁股一样是我们羞于向他人袒露的。究竟为什么在伟大的诗歌中，嘴巴如此受人尊敬而肛门却如此被人忽视呢？我猜这是因为美味精致的食物会进入口腔，而恶臭的原始的粪便会从屁股排出，但其实这两者缺一不可。

“屁股”显然不是一个专业术语，而是一个总称，指的是身体各部分的集合，包括直肠、肛门、括约肌和臀部。直肠只是你粪便的内部储存室（见p87），收集粪便并向你的大脑发送信号，述说它装了多满，提醒你应该准备读物、难闻的蜡烛和一个平静的空间来排泄。肛门本身连通内外括约肌，这是消化系统的最后阶段，用于清除固体废物。鸟类、爬行动物和两栖动物没有独立的肛门、尿道和阴道，而是有一个更简单的设计，叫作泄殖腔，用于排出固体和液体废物、性交和产卵。

第6章
多毛的人类

6.01 多毛的你

所有的哺乳动物都有某种程度的毛发（即使是丑得可笑的裸鼹鼠*也有一些阴毛），但人类属于毛发最少的那一种。毛发的主要功能是保暖，你全身大约有500万根毛发，其中大部分每天生长0.4毫米。500万根听起来可能感觉很多，但和海狸的100亿根毛发细纹蝶的1000亿根毛发相比，这个数量就相形见绌了。

人类在进化过程中失去了如此之多的毛发，这在灵长类动物中是独一无二的，但目前还不清楚为什么会发生这种情况。遗传证据表明，我们在170万年前就不再毛茸茸的了。有可能人类的毛发减少到了后青春期时期的第二性征的程度，表明我们已经可以繁殖。还有一个耐人寻味的观点认为，人类脱发是由跳蚤等体表寄生虫引起的。随着我们成为一个更社会化的物种，更加紧密地生活在一起，跳蚤和虱子终将成为一个大问题——脱掉让它们聚集藏身的毛发有助于避免严重感染的发生。另一种理论认为，人类学会使用火以后，毛发可能已经成为一种不利因素——因为只有没有毛发的人类才不那么容易引火上身。

阅读这部分内容时，你会发现我们对毛发不了解的内容远远超过我们了解的内容。为什么有些毛是卷的，有些是直的？为什么我们会有头皮屑？为什么阴毛如此坚硬？……这些都还是科学未解之谜。

* 作为唯一一种类似于恒温昆虫的哺乳动物，裸鼹鼠不需要费心调节自己的体温，它是实实在在的冷血动物。

所有的毛发都遵循相同的生物学基本规律。它们起源于皮肤深处的毛囊，在那里细胞分裂和繁殖，从你的真皮乳头挤出毛发，有点儿像从管子里挤出牙膏。你的毛发在夏天比在冬天长得更快，专业一点儿来讲，毛发是层状鳞状角质化上皮，“层状”是指它排列成细丝层，“鳞状”是指表层细胞变平。角质化上皮是一种由角蛋白构成的动物组织，它是一种特别的纤维蛋白，是构成毛发、指甲、爪子和蹄子等坚韧而有弹性部位的基础。

毛发实际上处于死亡状态，因为它不进行任何生化活动。我们可以拿一根头发的横截面来观察一下。一根头发主要由3个同心环组成：中心是柔软、细腻、相对松散的髓质；包裹着它的是皮层，为发丝提供强度、结构和颜色（取决于它的黑色素含量）；最外层的角质层覆盖着一层油性防水脂，只有一分子的厚度。

毛发有着非常奇特的生长周期。你身体上的每一根毛发都处于3个发育阶段之一：漫长的生长期——在此期间头发开始生长；较短的毛囊收缩的退化分解期；旧头发脱落、新头发开始生长的休眠期。

6.02 头发

你的头皮上长着10万~15万根又粗又长的终毛（终毛也长在阴部、腋下和胡须的位置）。每根终毛都是0.017~0.018毫米宽，长度可以达到1米。和所有的毛囊一样，你的头发毛囊总是处于3个阶段中的一个：生长期、分解期或休眠期。但头发的生长期大约为6年，比大多数毛发都长，在这期间它的生长速度约为每天0.4毫米或每月1厘米*。接下来是2周的分解期和6个月左右的休眠期，然后头发继续生长。头发的最大长度通常不超过1米，因为它最终会因为周期性生长而脱落。但在你的一生中，你的头发总共会长8米。

头发也是相对健康、年轻和亚文化**的指标，有助于性选择。几千年来，人类一直痴迷于自己的发型。2003年，在爱尔兰的泥炭沼泽中发现了克罗尼卡瓦人（Clonycavan Man）。这是一具保存完好的铁器时代的人类尸体，头部的发型是借助发带和发胶立起来的，发胶由从西班牙北部或法国西南部进口的植物油和松脂制成。

头皮屑

大约一半的成年人有头皮屑，但没有人知道头皮屑为什么会产生，也

* 每个月长0.6～3.4厘米是一个很宽泛的范围——粗头发比细头发长得更快。

** 我个人的亚文化目前是“邋遢的书呆子”，在这之前我在青少年时期尝试过朋克、“聪明的有志青年”和齐柏林飞艇（英国摇滚乐队名——译者注）风格。从来没有一个亚文化在我这里真正成功过。

没有已知的有效治疗方法，不过你还是可以花一笔巨款购买声称能够去屑的产品。特别严重的头皮屑可能是由脂溢性皮炎引起的皮肤紊乱（如果你的鼻子、眉毛和头皮周围发红发痒，就可能有脂溢性皮炎），但也没有人知道产生这种情况的原因，一般认为一种名为马拉色菌的酵母与此有关。我们已知的是，头皮屑最根本的问题是皮肤细胞的过度产生和过度脱落，还有就是头皮屑鳞片是由角蛋白构成的。最好的治疗方法似乎是使用柏油和抗真菌洗发水。

秃顶

有1/4的男性在30岁左右时开始秃顶，一半的男性则是在45岁时开始秃顶，还有1/4的女性在50岁时也会开始秃顶。人类是经常患上这种病的两种灵长类动物之一，另一种动物是名为残尾猕猴的旧大陆猴。秃顶的人和多毛的人有相同数量的毛囊，但前者的毛囊没有正常工作，只产生无色、稀薄的头发。男性秃顶从前额发际线的后退和头顶的脱发开始，随后是整体后退。它是由定义男性特征的雄激素的变化和遗传因素引起的。女性秃顶是典型的头皮普遍变薄，原因也是一个谜。斑秃是一种类型稍微不同的脱发，通常在局部发生，且不可预测。

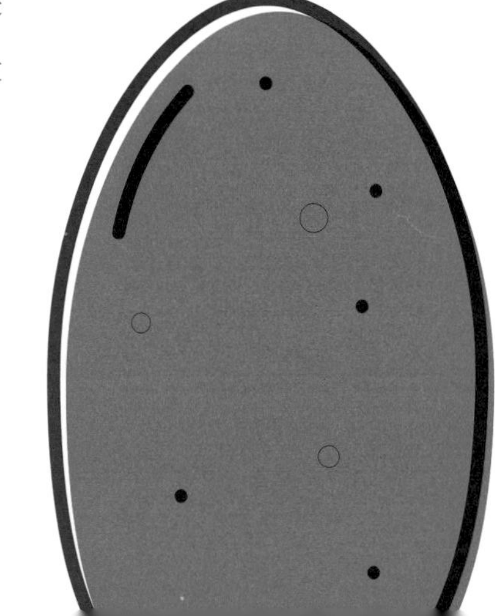

6.03 体毛

虽然在所有哺乳动物中你是毛发最少的，只有500万根，但是你仍然会长出多种多样的毛发，包括一种你在子宫里短暂拥有并吃掉了的毛发，那就是胎毛，一种柔软、厚实、无色的毛层，在胎儿12～16周时生长。胎毛通常在出生前一个月左右进入子宫内的羊水中，偶尔也会在出生后停留数周直至脱落。

在子宫里，胎儿会喝羊水，因此主动地吃入了脱落的胎毛，这些毛发继而形成婴儿出生后很快排出的第一份令人吃惊的胎粪的一部分。这给他们的父母发出了一个明确的信号：育儿这件事可不会像尿布广告中看起来那样轻松和整洁。

出生几个月后，毳毛（或绒毛）在身体的大部分区域开始生长。它又细又短（不到2毫米），除了手掌、脚底和嘴唇等部位外，遍布全身。奇怪的是，毳毛的毛囊并没有连接到皮脂腺。

在青春期和之后，在雄激素的刺激下，你开始长出更坚硬的雄激素终毛，而且男性比女性的毳毛更厚，分布更广。其他奇怪又奇妙的毛发这时也开始在你的身体上出现：胡须、阴毛。另外，腿、腋窝、眉毛、胸部、臀部、生殖器和肩膀也出现不同的体毛。腿毛相对较短，因为大多数腿毛只能长两个月左右（而头发可以长6年左右）。腋毛的生长期较长，约为6个月。

毛发的学问

2018年发表的一项研究调查了我们的毛囊是如何产生卷发或直发的，但并没有得出结论，所以我就不用它浪费你们的时间了。研究发现，圆形发轴会产生更直的头发，而椭圆形发轴会让头发更卷，但没有找出原因是什么。

与人们通常的认知相反，剪发、脱毛和剃须对毛发的根部没有任何影响。

多毛症会导致体毛在奇怪的地方过度生长，而女性多毛症会导致女性在胸部或面部等通常是男性体毛茂盛的部位长出更厚的终毛。

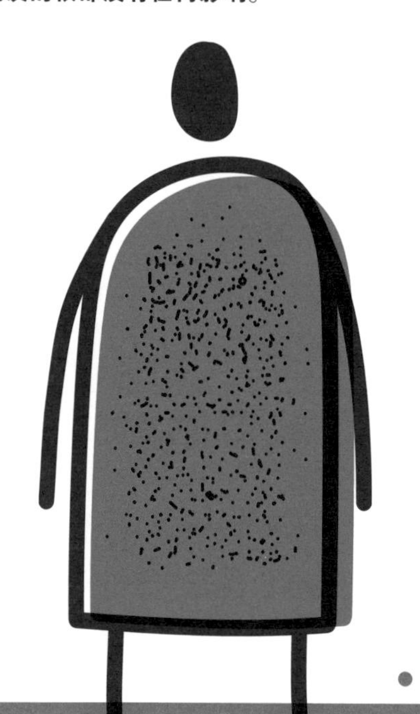

6.04 鼻毛和耳毛

鼻毛

我有又长又厚又浓密的鼻毛，而且不幸的是，它们长到我需要时不时地修剪一下才能不一直打喷嚏。与头发相比，你的鼻毛囊周期相对较短，但在你的一生中，每个鼻毛囊可以长出总共2米的毛发。

有人认为鼻毛可以过滤掉不需要的物质（灰尘、花粉、苍蝇、鲜奶油等），阻止它们进入肺部的精密系统。但这一理论被这样一个事实所削弱：平均来看，女性的鼻毛似乎更少，所以尽管她们的肺——根据以上的理论进行推测——充满了灰尘、花粉和苍蝇，但事实上她们仍然是健康的。除此之外，倒是有强有力的证据表明，在患有花粉症和其他季节性过敏的人中，鼻毛密度较高的人比那些鼻毛密度较低的人更不容易患哮喘，所以这些鼻毛似乎是有作用的。

耳毛

耳毛的情况就完全不同了，它由两种不同类型的毛发组成：覆盖了耳朵大部分区域的柔软绒毛（见p109），以及在耳朵的外耳屏、对耳屏和螺旋部分额外的较厚的耳部终毛。后者在男性身上更明显。我们不知道这种毛发除了吓唬小孩子和保暖以外还有什么用途，但螺旋状耳毛的生长在一些印度男人身上特别普遍。吉尼斯世界纪录最长耳毛保持者是印度杂货商拉达坎特·巴杰帕伊（Radhakant Bajpai），2003年他的耳毛达到13.2厘米。在2009

年的一次采访中，它已经达到了25厘米。

如果你想驯服你的耳毛或鼻毛，请当心。没有什么比拔鼻毛更痛苦的了，拔毛以后还有长出内生毛发的危险，那真的会很糟糕。每拔下一根毛发（或卖力地挖鼻孔），你就有可能在鼻腔附近留下一个小伤口，而这个伤口可能会感染。鼻窦感染会非常痛苦，所以我的建议是修剪毛发，而不要拔除，无论如何，让毛发漂亮又实用才是真理。

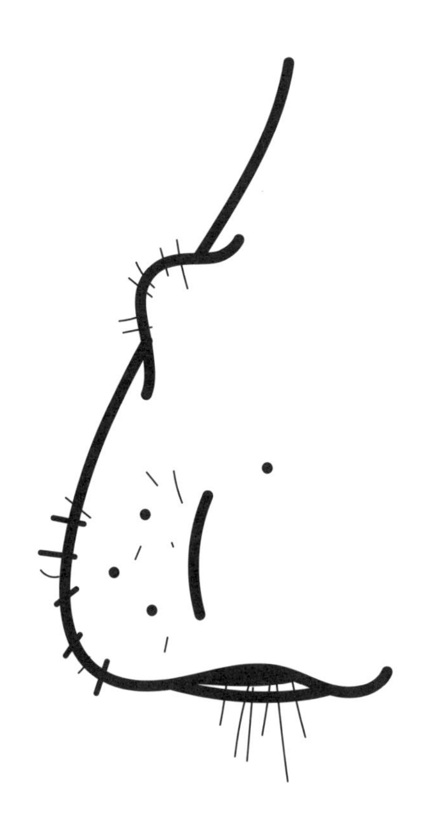

6.05 腋毛

尽管腋毛在青春期开始生长，但它不是阴毛的一种，而只是腋毛。人们对它的进化功能知之甚少，认为它在手臂和胸部之间提供一层连绵的材料来减少摩擦（不过剃掉它的人似乎也没有遇到任何问题）。腋毛从来不会长得特别长，因为它的生长周期只有6个月。

细菌以我们腋下大汗腺产生的脂肪汗液为食，腋毛的作用是捕捉这些细菌产生的各种气味。这给了我们每个人一种独特的气味，可能对异性产生吸引力，也可能产生信息素（尽管支持人类产生和感知信息素的相关证据几乎不存在，见p117）。和你一样，在经历了沉重、紧张的一天后，我也很喜欢自己腋窝产生的味道，但家里的其他人就不这么想了，尽管我告诉他们2018年有一项研究表明，女性在闻了伴侣的衬衫后再参加这项研究测试压力会减小。有些人就是难讨好哇。

2016年的一项研究发现，剃过腋毛的男性在接下来的24小时内体味会显著减轻。其他研究发现，当女性处于月经周期中最易受孕的阶段时，她们往往会觉得睾酮水平较高的男性的气味更有吸引力，而男性则认为女性在最易受孕的时候气味最好。

6.06 胡须

男性的胡须是由睾丸激素驱动的人类特有的怪事（大猩猩和黑猩猩的面部毛发会随着年龄的增长而变薄，而不是变厚），在生理上毫无意义。胡须的形状和厚度主要受EDAR基因影响，胡须的生长是第二性特征，这意味着它不是生殖系统的基本组成部分，但像鹿角、狮子鬃毛和孔雀尾巴一样，它也是性选择的产物。对雌性来说，胡须表明雄性拥有强大的基因可以传递给后代。

这就引出了一个大问题：女人喜欢留胡子的男人吗？根据2014年发表在《生物学快报》（*Biology Letters*）上的一项研究，女性有“负面的频率依赖性偏好”，也就是说，如果大多数男性都把胡子刮得干干净净，她们就更喜欢有胡子的男性，但如果大多数男性都有胡子，她们则更喜欢把胡子刮得干干净的男性*。嗯，不出所料，女人果然难讨好。

* 这个故事还有一个转折，那就是2013年的一项研究，研究人员发现，浓密的胡茬是最具吸引力的外观，处于月经周期最易受孕阶段的女性认为这样的男性最具吸引力。

6.07 眉毛和睫毛

眉毛

我们还不完全清楚人类为什么要长眉毛。它们可能阻止了汗水和雨水滴进眼睛，还可能保护了眼睛不受阳光的照射——如果你去看看我们的祖先海德堡人（Homo heidelbergensis），就可能发现这个理论并不像它听起来那么荒谬。海德堡人有着高耸的眉脊，但其实并没有额头，样子看起来像是戴了一顶骨头做的棒球帽。

但是人类小小的眉骨作为毛茸茸的“棒球帽”完全派不上用场，那为什么它们还被保留下来了呢？要知道，眉毛是非常强大的交流工具，能够传达十分微妙的含义。你的前额相对较大，弹性的皮肤由一系列肌肉控制，它们在强化表情和传达复杂的情感方面非常有用。

想象一下蒙娜丽莎，人们很难不为那张脸着迷，不被那表情所迷惑。她脸上流露的是爱情吗？是鄙视吗？她是不是认为要是好好上了个厕所，那一天可以过得更顺心些？我们看不出来，因为她没有眉毛。列奥纳多·达·芬奇的天才之处在于，他的笔触很有品位，他去掉了那些泄露情感的标志，给我们留下猜测的空间。如果说眼睛是心灵的窗户，那么眉毛就是情绪的窗户。

睫毛

睫毛似乎有更明确的保护功能。你的上眼睑有5~6排90~160根弯曲的睫毛，而下眼睑有3~4排75~80根睫毛。它们根部的机械感受器对触碰非常敏感，如果受到苍蝇或灰尘等异物刺激，就会迫使你反射性地眨眼。它们对眼睛周围的空气动力学也有显著的影响：减缓泪膜的蒸发，减少落在眼球上的颗粒数量。一项风洞研究表明，睫毛的最佳长度是眼睛宽度的1/3*。

* 麻烦哪位好心人把这个消息告诉我女儿波比，因为她和所有青少年一样，不肯听父母的建议。

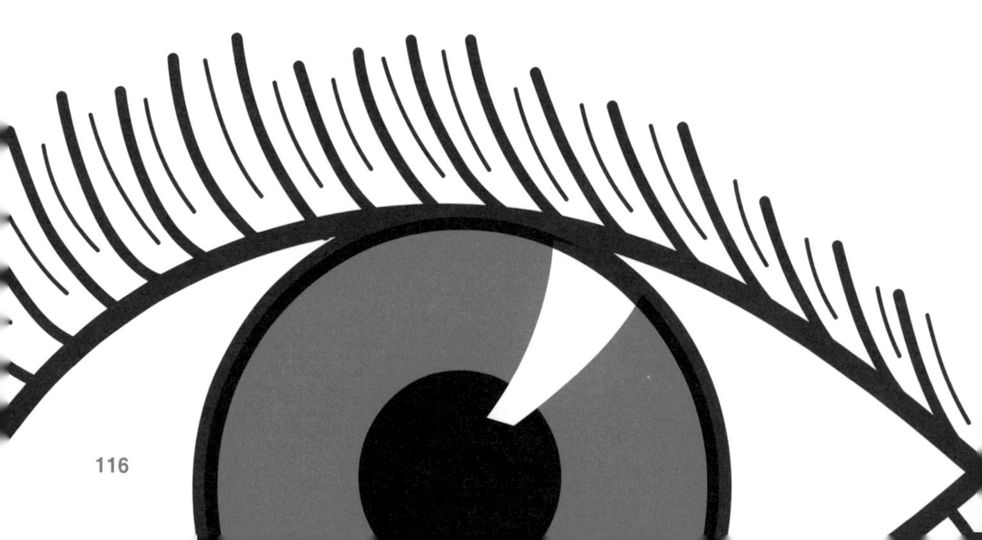

6.08 阴毛

我们不确定为什么人类的体毛如此之少（见p109），但让事情更复杂的是，我们的生殖器周围却长出了一丛神秘的阴毛。对于大多数灵长类动物来说，生殖器周围的毛发要比身体其他部位更细，所以为什么我们身上有这些奇怪的硬毛是人类进化中又一个未解之谜。

阴毛是粗壮的终毛，在青春期*之后开始生长，这是激素分泌增加的结果。它们可能在远古时期充当了信号，在视觉上表明一个人已经进入青春期，因此与他们交配对进化有益。

一些人认为阴毛可以减少性器官的摩擦和性交过程中的摩擦（虽然也有人说摩擦才是最好的环节），另一些人认为发育良好的阴毛丛可能会捕获和培养对异性有吸引力的信息素。后一种理论有几个漏洞：1）并没有发现人类的信息素分子；2）即使它们存在，我们也不知道人类是否能闻到它们；3）我们没有犁鼻器——这是狗、猫和许多其他哺乳动物用来检测信息素的第二个鼻子。

阴毛确实能吸附污垢和汗液，这可能有助于阻止它们进入阴茎或阴道——这些身体开口很容易感染病原体。阴毛还能隔离生殖器，这很方便，但如果其他灵长类动物可以没有阴毛，为什么我们不行呢?

* 尽管名叫黛西和波比的两个女孩坚持反对，但青春期不是可以跟着父母去酒吧的年龄。更确切地说，青春期是一组广泛存在的生理变化，通过这些变化，人类的身体发育成熟，成为具有繁殖能力的成年人。

阴毛的学问

阴毛是人体的第二性征之一，
其出现是青少年生殖器官成熟的标志之一。
男性和女性阴毛的分布形态是不一样的，
但都有4个发育分期。
阴毛的疏密、粗细和颜色深浅也因人而异。

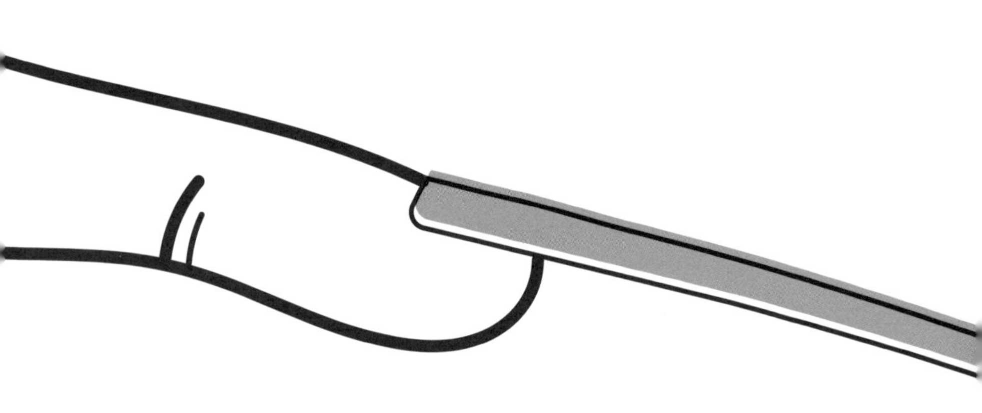

6.09 指甲和角质层

2014年，吉尼斯世界纪录测量出希里达尔·奇拉尔（Shridhar Chillal）的左手指甲累计长度为909.6厘米，其中197.8厘米的拇指指甲卷曲成了一个紧实的球。这无疑是最难打破的世界纪录。

胎儿在子宫里大约20周的时候，指甲就开始发育了，它们由指甲根部活跃的组织基质上形成的坚韧的角蛋白细胞组成。当新的细胞产生时，它们被更晚发育的细胞向前推动，形成指甲板，沿着甲床滑动。这个“床”含有大量的血管，为甲板提供营养。甲床也包含很多神经，因此如果你将指甲活着的部分撕裂或剪断会很痛。手指甲平均每月生长3.5毫米，脚指甲生长得较慢，每月约1.6毫米。人死后，指甲会停止生长，但是尸体上脱水的皮肤会使指甲相邻的皮肤收缩，使指甲看起来好像还在一直生长。

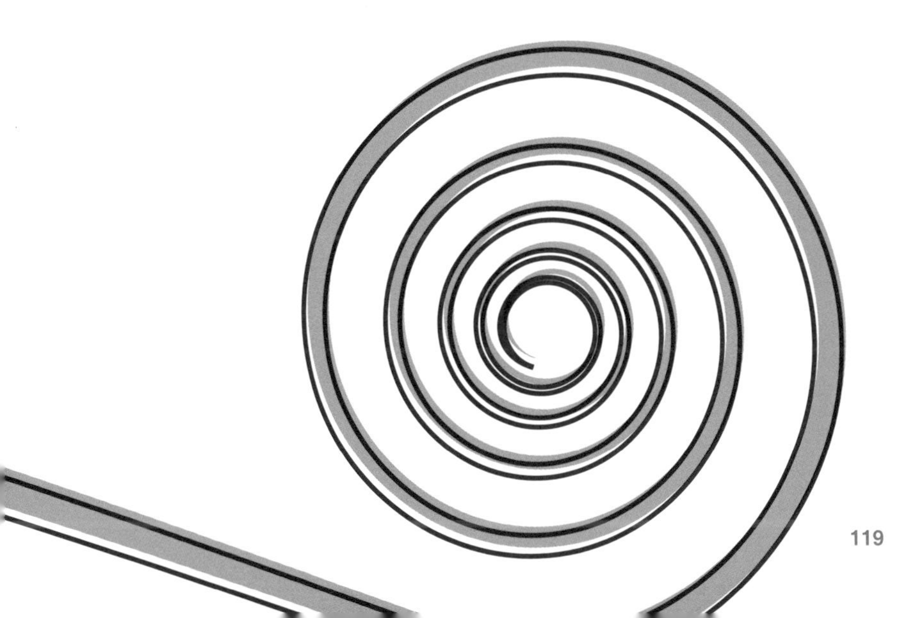

自食症的学问

我总是在啃食自己的角质层，有时甚至会疼痛和流血。

这是一种被称为“噬肤癖”的自食障碍，

其发生似乎没有什么规律可循：

在无聊或压力大的时候会这样做，

在不无聊也不觉得压力大的时候也会这样做。

我只是非常非常喜欢做这件事，

当我撕下一大块皮肤时，会得到巨大的满足感，

紧接着我意识到自己是个傻瓜，

因为会疼上几个星期。

奇怪的是，我不咬指甲，还觉得咬指甲的人很奇怪。

在某种程度上，我们都是自食人，

因为我们会产生并吃掉唾液、

鼻腔黏液以及舌头和脸颊上的死细胞，量大且样多。

我们中的一些人也喜欢在伤口处吸血，咀嚼疮痂。

但最热衷自食的可能是北美鼠蛇，

有一只在野外被发现的时候已经吃掉了自己身体的2/3。

当我的狗和猫追逐自己的尾巴时，

我总是好奇事情会向什么方向发展，

它们会吃掉自己的尾巴吗？

6.10 毛舌

毛舌综合征非常普遍，约13%的人患有这种疾病。它指在舌头表面，一直延伸到口腔后部覆盖有一种奇怪的深色毛发状物质，这是由于丝状乳头过度生长造成的。这些乳头状、触觉敏感的锥形结构表面覆盖着刷子状的线，遍布舌头各处，但不包含任何味觉传感器。它们通常在舌头上覆盖1毫米的厚度，但如果不通过刷牙或正常的摩擦作用去除，它们可能会长得过多，尤其是在舌头的后部。如果它们长得特别长，看起来就会像头发（毕竟，它们是由相同的物质角蛋白构成的），就能困住细菌、食物和酵母。这种情况发生时，微生物会将皮肤颜色变为黑色、白色、棕色，甚至绿色。不好好刷牙和大量使用抗生素或其他药物是引起毛舌综合征的两种可能原因。毛舌综合征的症状不多，但是会导致口臭（见p140）。一般来说，用牙刷和刮舌器就能很容易地去除这些舌毛。

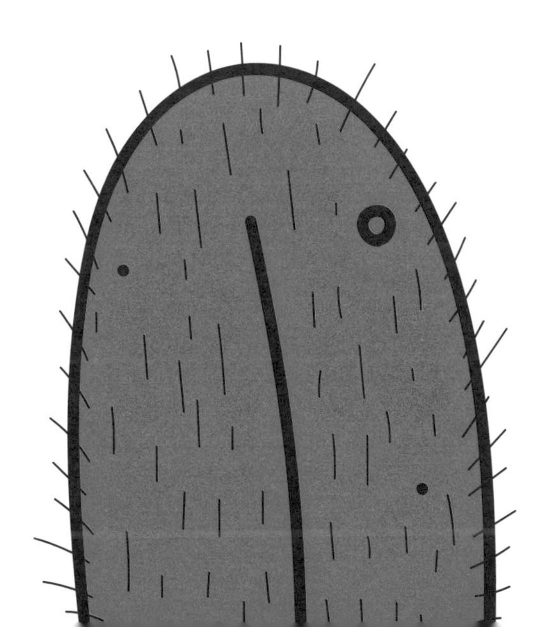

第 7 章
你惬意的寄生家人

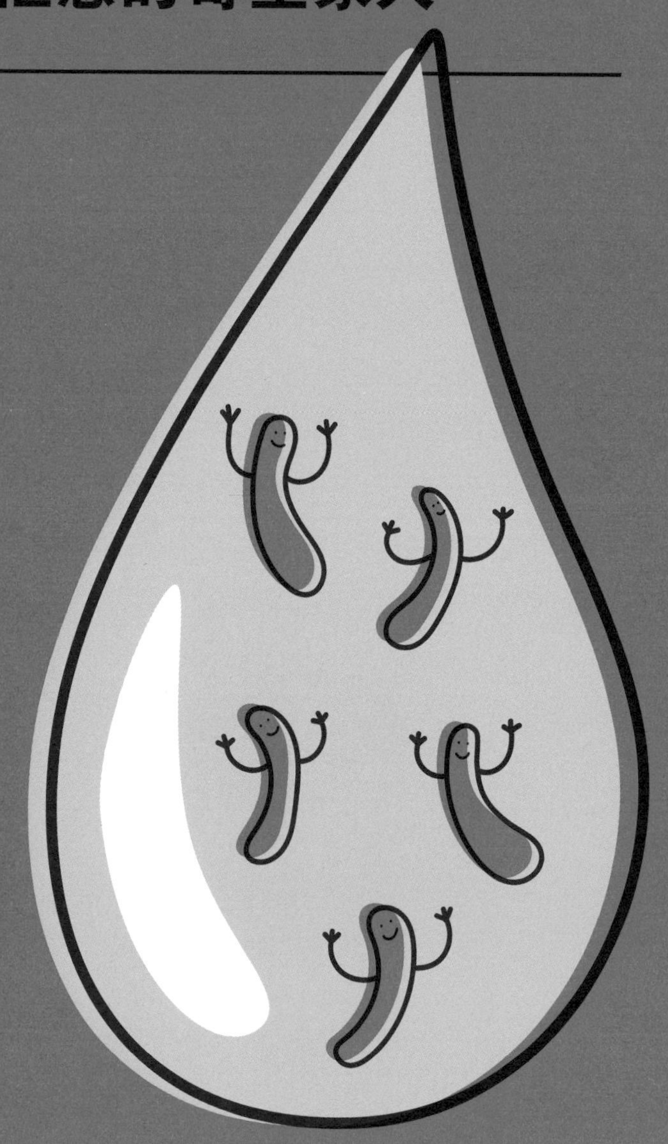

7.01 细菌

你永远不会孤单。你与孤单的距离可能有十万八千里。你体内和体外都充满了细菌。事实上，细菌如此之多，你的细菌属性可能比人类属性还要大：一个体重70千克的人含有大约30万亿个人体细胞（其中绝大多数是红细胞，约占85%），以及大约37万亿个细菌、病毒和真菌*。它们构成了个人专属的微生物世界，被称为微生物群。微生物群对人类健康至关重要，也是疾病和气味的来源。与人类细胞相比，组成微生物群的细菌非常微小，平均只能存活20分钟。它们总共只有200克重，但繁殖得非常快，遍布你全身，主要集中在你的肠道里。你的皮肤上每一平方厘米就有10万个微生物，来自200个不同的物种。

1676年，荷兰布商安东尼·范·列文·虎克在显微镜下观察雨滴时首次发现了细菌。他注意到雨滴中有一些蠕动的小东西，并把它们命名为“微动物”。直到1844年，阿戈斯蒂诺·巴斯才发现，这些小东西有时会导致疾病。1876年，罗伯特·科赫发现它们可能导致人类疾病，即炭疽热。

细菌是单细胞生物，通常呈杆状或球状，大多数对我们无害，甚至是有益的，尤其是那些在肠道中帮助你消化食物的细菌（它们分解你自己无法消化的食物，为你提供大约10%的热量）。现已确认的微生物种类有100多

* 在过去，人们认为人体中细菌所占比例比细胞所占比例高得多，但在2016年的一项研究中，以色列雷霍沃特魏茨曼科学研究所的罗恩·米洛（Ron Milo）和罗恩·森德（Ron Sender）以及加拿大多伦多儿童医院的沙伊·福克斯（Shai Fuchs）重新评估了这一比例。

万种，但已知引起人类疾病的微生物种类不到1500种。然而，当那些造成霍乱、伤寒、鼠疫和结核病的细菌大量繁殖时，可能造成毁灭性的后果。大约1/3的人类死亡是由微生物引起的。

每个人都特别擅长传播细菌。你平均每小时触摸自己的脸16次，帮助环境中的微生物传播到身体的开口中，并将微生物从你的脸传回环境中。不过，细菌倒是有点儿挑剔的家伙，身体的某些部位往往是非常特定类型的细菌的家园。

布满细菌的人体

你的身体可能携带着大约4万种不同的微生物，估算值存在差异。

头皮

头皮屑主要是由丙酸杆菌（短棒菌苗）和葡萄球菌的平衡变化引起的。

口腔

变形链球菌将糖转化为酸，攻击牙釉质，导致蛀牙。它只是你牙龈上1300种不同的细菌之一，还有800种在你的脸颊内侧活动。

鼻子

包含大约900种不同的细菌。

皮肤

痤疮丙酸杆菌寄生在皮肤毛孔和毛囊中，可以让你起疙瘩。至少有200种不同的细菌生活在这里。

腋窝

人葡萄球菌遇到汗液时会产生一种叫硫醇的恶臭化合物。

阴道

主要是产生乳酸的乳酸菌。还有白色念珠菌，引起念珠菌阴道炎的真菌。

肠道

人体大部分的微生物都生活在这里。大约有36000种不同的微生物。

粪便

大约30%的固体垃圾是死细菌。

脚

表皮葡萄球菌似乎总是与异戊酸形影不离——那是陈年斯蒂尔顿奶酪的味道。

7.02 发霉的你

霉菌和酵母都是真菌，我们所处的环境中它们无处不在。它们主要影响人类的皮肤、肠道、呼吸道和泌尿生殖系统。常见的酵母菌感染有霉菌性阴道炎和癣，但在你的肠道中也发现了几种无害的假丝酵母。真菌的细胞壁非常坚硬，使得它们很难对付。大约有300种真菌可以引起人类相对轻微的感染（对免疫缺陷患者来说感染可能更严重）。总的来说，真菌在植物世界引起的问题要大得多。例外情况是新型隐球菌和葡萄穗霉（在我住过的学生宿舍里，它是趴在潮湿墙壁上的霉菌“房东”），前者会导致严重的脑膜炎，后者会导致头痛和呼吸系统损伤。

7.03 寄生虫（触发警告）

全世界所有儿童的头号噩梦是发现有一种寄生蠕虫会穿透他们的皮肤，蠕动的身体沾满血和脓液。

你是让它这样自己爬出来，可能又会钻回去，还是抓住它的头使劲拽，即便有可能把它撕成两半，让其中一半永远留在你身体里呢？该如何抉择，应该不只我有这样的担心吧？

从引起疟疾的微小单细胞原生动物疟原虫到巨大的绦虫，人体内部可以发现各种各样的寄生虫。疟疾是迄今为止最具破坏性的寄生虫病，通过受感染的按蚊叮咬传播。

像绦虫这样的蠕虫破坏性较小，但更令人厌恶。绦虫可以长达9米，寿命可达20年。名字夸张的龙线虫（也被称为麦地那龙线虫）可以长到1米长，如果它的头露出来，千万不要把它拉断，因为它会释放出一种强大的抗原，引发过敏性休克和死亡。正确的处理方法是把它缠绕在一根棍子上，一点点地拉出来，而且这个过程还得让龙线虫“心甘情愿”地往外出，不然它会向内缩，所以即使拉出龙线虫，至少也得几周时间，这期间人会非常的痛苦。

7.04 蠕形螨（触发警告）

恐怕你真的会很讨厌这个话题。毛囊蠕形螨是一种微小的八足蛛形螨，主要生活在你脸上的毛囊里。对于大多数成年人来说，每平方厘米面部皮肤就有0.7个螨虫，如果你患有酒渣鼻，这个数值就更高——大约每平方厘米12.8个。我几乎可以肯定，此时此刻，它们在你身上爬进爬出、忙忙碌碌，因为它们的最大长度为0.4毫米，所以很难被看见。螨虫的寿命约为两周，主要在夜间活动、交配（以每小时8~16毫米的最高速度行进），然后钻回你的毛囊里，头朝下躺着，进食一整天。它们吃毛囊细胞和发根皮脂腺分泌的油性皮脂，通常更喜欢你眉毛和睫毛上多汁的毛发，以及鼻子、前额和脸颊周围的皮肤。

如果你觉得这样就很恶心，往下看之前要做好心理准备。蠕形螨没有肛门。往好的方面说，这意味着它们不会整天在你脸上拉便便。不好的一面就是，它们的腹部会越撑越大，当它们死掉时，身体会分解，把所有的粪便一股脑倒在你脸上。

值得庆幸的是，螨虫很少引起疾病。虽然酒渣鼻的皮肤问题与它们有关，但尚不清楚是它们导致了酒渣鼻，还是它们在患有酒渣鼻的人身上繁殖得更好。

7.05 阴虱、体虱和头虱（触发警告）

阴虱

阴虱是一种长得很丑、形似螃蟹的阴毛虱，人类是它们的唯一宿主。它们每天吸食四到五餐血液，长度可以长到1.3~2毫米。成年后的阴虱能存活一个月左右，每天忙碌地产一枚左右的卵。它们主要分布在阴毛上，因为它们的脚特别适应阴毛的厚度，但它们也生活在你的生殖器和肛门之间的肛周区域，还可以在毛发较多的男性身体上的许多其他区域生存。阴虱的唾液对人类皮肤非常刺激，所以如果你不幸被感染了，你的“底盘”可能会非常痒。好消息是它们很少引起疾病。还好，还好。

阴虱通常通过性交传播。在某种程度上，你也可以埋怨与他人共用过的毛巾或床单，但这种说法在你的朋友和爱人那里可能没有什么说服力。如果你发现自己感染了阴虱，你需要进行一个痛苦的虱子梳疗程，然后是10天的除虱药物疗程。接下来就是艰难的打电话时间了，联系你最近的性伴侣，告诉他们这个“有趣”的消息了。

体虱

体虱可以长到4毫米长，通常在与他人住得很近、卫生条件不佳的人群中发现。人与人之间的接触往往是虱子传播的罪魁祸首，但贫穷永远是根本原因。虱子在衣服上生活繁殖，但每天会数次到人体上吸血。雌虫每天可以产8个卵。与阴虱不同，体虱可以传播斑疹、伤寒等疾病。它们叮咬皮肤，

引起瘙痒的皮疹，皮疹很容易恶化和感染。体虱的治疗方法主要是改善卫生情况——清洗身体和衣服——必要时也可以使用杀虱剂（除虱药物）。

头虱

拥有一个孩子的乐趣之一是在收到“班里有人长了头虱”的消息的第二天早上来到学校，盯着每个家长的眼睛，看看谁看起来最内疚。搞不好小丑是你自己。头虱体长2~3毫米，不能跳跃和飞行。然而，它们可以把腿附着在毛轴上，而且进化出了对多种除虱疗法的免疫力。即使长时间浸泡在水中，它们也能存活——弄湿头发倒是可以阻止它们移动。梳掉它们是最好的（但也是最痛苦的）处理方法，但你最终会去购买那些医生推荐的昂贵的治疗洗发水。身为父母只会做这些事。

7.06 臭虫（触发警告）

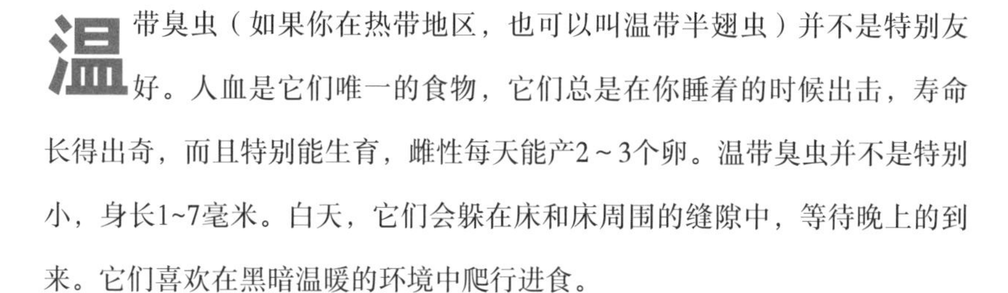

温带臭虫（如果你在热带地区，也可以叫温带半翅虫）并不是特别友好。人血是它们唯一的食物，它们总是在你睡着的时候出击，寿命长得出奇，而且特别能生育，雌性每天能产2～3个卵。温带臭虫并不是特别小，身长1~7毫米。白天，它们会躲在床和床周围的缝隙中，等待晚上的到来。它们喜欢在黑暗温暖的环境中爬行进食。

臭虫可以携带大约30种人类病原体，包括金黄色葡萄球菌（MRSA），目前尚不清楚它们是否会将这些病原体传染给我们。然而，臭虫叮咬会导致皮疹、水疱和过敏反应。如果叮咬处很痒，剧烈地抓挠会使皮肤破损，导致感染等继发性问题。

与臭虫有关的一个特别令人不快的问题是妄想性寄生虫病——一种对寄生虫的持续憎恨和恐惧，并伴有心理致痒，被称为触觉幻觉。

你可以尝试更换床垫和床上用品，高温清洗被褥，用吸尘器清理能看到的所有东西，但臭虫几乎不可能根除。它们生命力强韧的一部分原因在于，成年臭虫可以在不进食的情况下存活6个月之久。因此，治疗的重点是消除症状，而不是消除臭虫。你可能需要学会和你的臭虫交朋友，而不是试图杀死它们。

7.07 在我们体内产卵的虫子（触发警告）

你可能希望听我讲讲蜘蛛在人体内产卵的事儿，但不好意思，那根本不是真的。苍蝇幼虫对人类的寄生感染倒是确实发生过。它被称为蝇蛆病，罪魁祸首是马蝇、螺旋蝇和绿头苍蝇。虫害在热带农村地区最常见，发生的形式多种多样。皮肤蝇蛆病是由苍蝇在开放性伤口产卵引起的，在热带地区可能成为与战争相关的十分严重的问题。苍蝇幼虫还可以通过被污染的食物进入口腔、鼻子或耳朵（在特别严重的耳部蝇蛆病病例中，幼虫最后可以进入大脑），感染你的身体。眼蝇病是一种可怕的眼部虫害，通常由马蝇引起。

苍蝇将卵产在寄主身上大约一天后，卵孵化产生的幼虫会刺破皮肤，进入皮下组织。由此产生的损伤很可能感染，宿主发展为败血症或其他血行感染的风险很高。

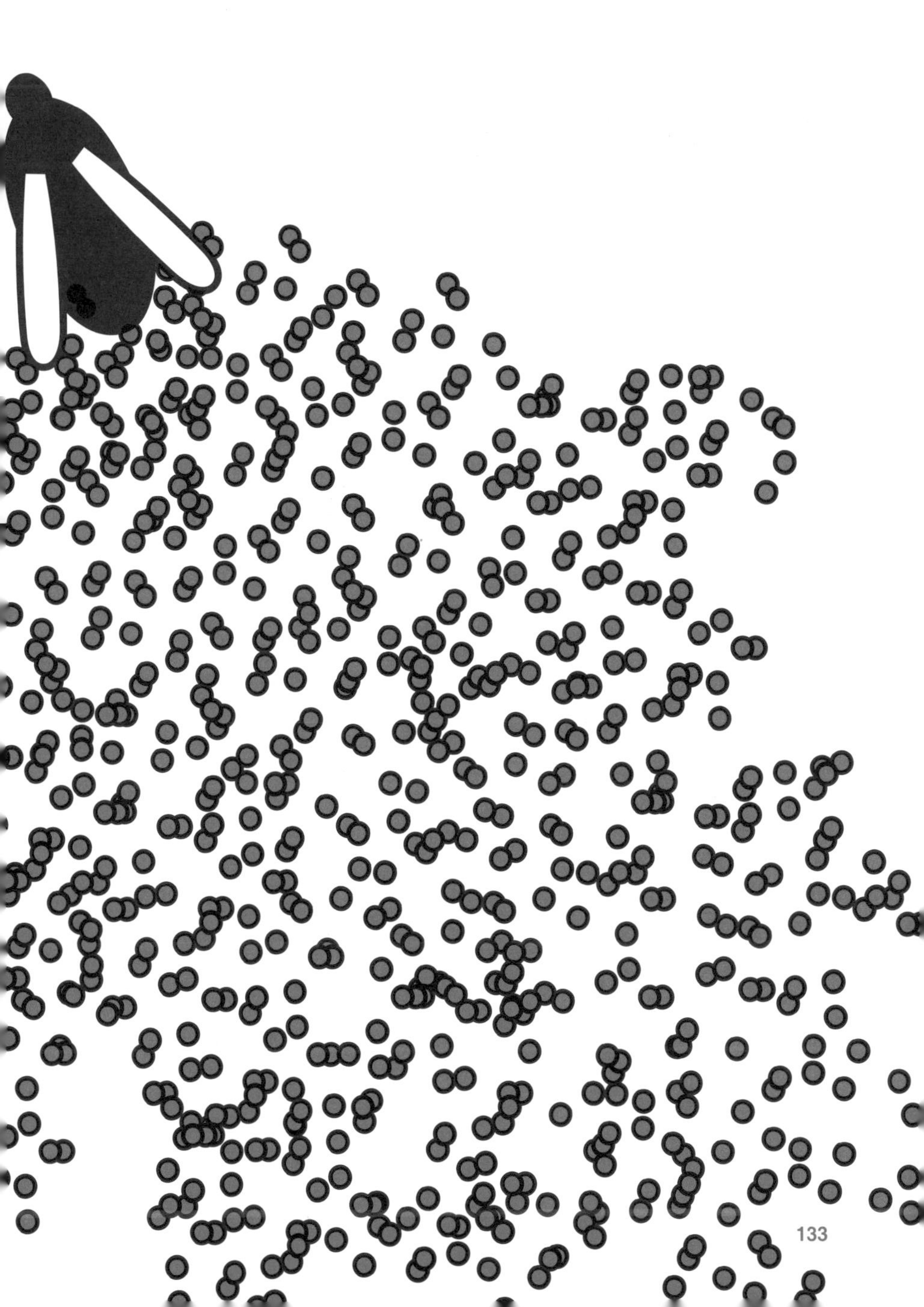

第 8 章
奇怪的感觉功能

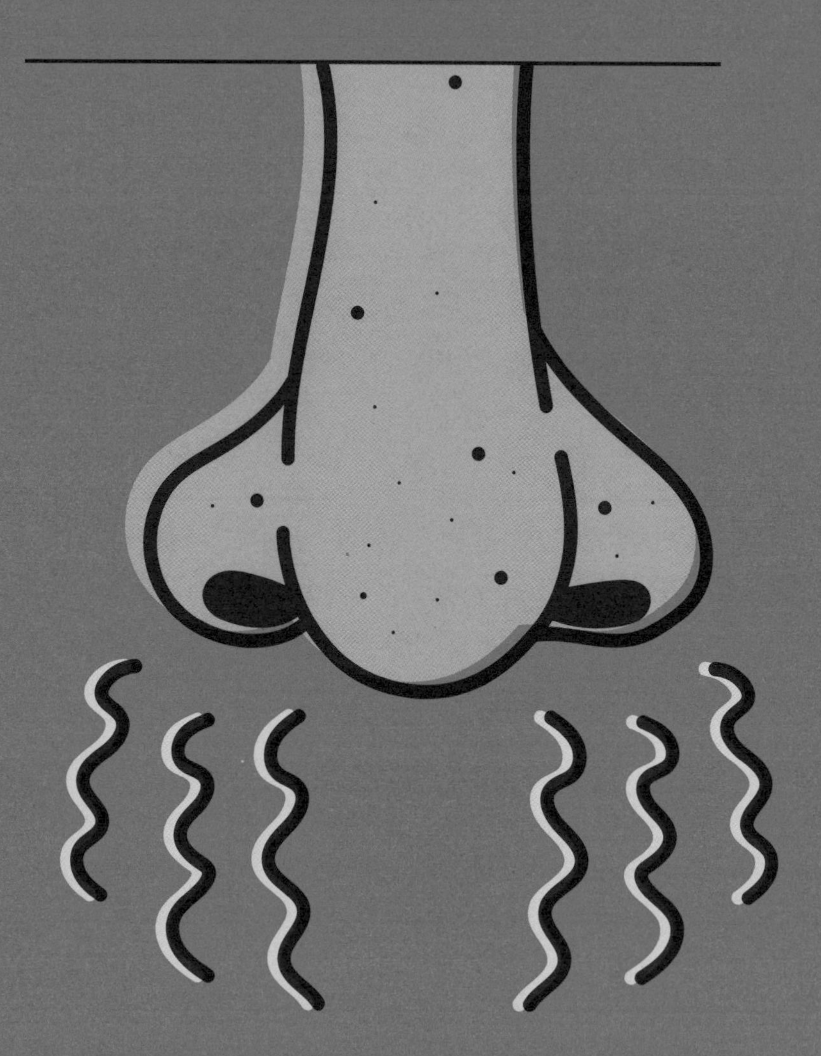

8.01 感官知觉与尴尬

我们对身体机能的尴尬都建立在感官知觉机制的基础上，这是一套连接我们大脑和外部世界的工具。最明显的感官是视觉、触觉、听觉、嗅觉和味觉，你也可以感知疼痛、热、时间（但是不太准确）、加速、平衡、血液中的氧气和二氧化碳水平，以及本体感觉——对肢体和肌肉的运动和位置的感觉。爬台阶时你能不看自己的脚吗？这就是本体感觉。

所有这些感官信息都被传送到大脑——一个有着午餐肉质地，却沉默、鲜为人知*的器官。你从未见过它，它也从未见过你周围的世界，但它分析所有的输入信息，创造出你的整个自我意识，产生爱、快乐、痛苦、羞耻、信仰、恐惧、怀疑以及其他感受。

听到自己在公共场合放屁而感到尴尬？这种感觉是由你大脑的前扣带皮层产生的。我们还不了解其中的机制，但大多数心理学家都认为，尴尬很可能是为了维持社会秩序而进化出来的，而像脸红、摸脸、向下看和有控制地微笑这样的经典反应，向他人传达出我们认识到自己打破了社会规范并为此后悔，从而实现社会规范的强化。

* 我们已经了解到，大脑不断发出微小的电信号，通过860亿个被称为神经元的神经细胞、100万亿个突触（神经元之间的连接——每个神经元可以通过突触与多达10000个神经元连接）和8500万个非神经元神经胶质细胞发送、存储和分析信息。它每天消耗400卡热量（占你总能量消耗的20%），有趣的是，无论你是集中精力写一本科普书，还是安静地盯着蜡烛火焰进行冥想，这个数值都是不变的。

研究表明，表现出尴尬的人比那些不尴尬的人更容易被喜欢、原谅和信任。它肯定是帮助我们作为群居物种进化的一种有用工具，但现在它也让我们故步自封，阻碍了独特性的发展。

感觉的学问

联觉是一种不同寻常的感官知觉，
它使一些人能够将音乐、
字母表中的字母或一周中的日子感知为颜色。
其他有联觉的人可能会把某些景象和气味联系起来，
或者把某些词和味道联系起来。
一项研究表明，约有4.4%的人是联觉者。

更令人着迷的是其他动物拥有的而我们只能在梦中拥有的感官。
狗通过磁感受作用感知地球磁场，
并倾向于将身体南北排列，促进排便。
牛也是如此。
有些蛇有红外线视力，
有些蜜蜂、鸟类和鱼类可以看到频率很高的紫外线，
超出我们的可见光谱。
这实际上意味着它们体验到的是一种我们几乎无法想象的完整颜色。
多么迷幻啊！

8.02 体味

我们每个人都被自己独特的气味云包围着，它就像气体指纹一样：大多数人可以通过气味来识别近亲，父母通常可以通过闻衣服认出孩子。你的气味会随着你的健康状况发生变化（糖尿病患者有时闻起来会有水果味或丙酮味），狗可以诊断出的疾病种类之多令人惊讶，包括新冠病毒性肺炎，它们甚至可以仅仅通过闻人的气味预测癫痫的发作。

人类对气味的偏好也与性选择有关。研究人员让一组女性闻一闻男性受试者睡觉穿过的T恤（根据一系列特定的性格特征对这些男性进行了评估，严格禁止吸烟、饮酒或使用香水），然后让她们将T恤与这些性格特征进行匹配。结果证明，女性仅凭气味就能准确地识别出男性的外向性、神经质和主导力。主导力被认为与某种激素的水平较高有关，这些激素会分解成影响气味的分子。研究表明，女性，尤其是处于月经周期中最易受孕阶段的女性，更喜欢闻起来更具“主导力”的男性。奇怪的是，女人甚至可以从气味中辨别出男性的体型信息，她们更喜欢匀称身材的气味（这可能是基因质量的标志）。

悉尼的研究人员发现，男性食用水果和蔬菜后，女性会认为他们的汗液闻起来更香，“有更多的花香、水果味、甜味和药用价值”。瑞士生物学家克劳斯·韦德金德博士（Dr Claus Wedekind）进行的著名的“汗衫研究”还发现，女性更容易被那些拥有与自己不同免疫系统的男性所吸引，这很有道理：这两个人未来的孩子将会继承到两个完全不同的人的免疫系统，从而对感染有更强的抵抗力，并有更大的生存机会。

男性的实验结果呢？对他们气味偏好的研究似乎少得多，但我们知道，男性倾向于喜欢排卵期女性的气味，而且觉得经期女性的气味不那么吸引人。

体味的学问

每个人都知道汗水会让我们变臭，但奇怪的是，汗水本身并没有气味。
相反，3个腺体的结合产生了适合细菌生长的成分和潮湿的环境，
正是这些细菌产生了大部分的臭味。虽然你身体的每一个部位都会出汗，
但你的大部分气味都是在你温暖潮湿的部位散发出来的——
主要是那些充满腺体的部位，它们会渗出各种各样的体液，
尤其是腋窝，也包括腹股沟、头皮、脚、嘴、臀部和生殖器。
有3种腺体分泌产生体味的体液：
1. 大汗腺——只存在于特定区域的汗腺。
主要是腋窝、生殖器、乳头、鼻孔以及生殖器和肛门之间的会阴区域。
它们只在青春期后才开始活跃，并产生油性、乳白色分泌物，
这是导致体味的化学物质的主要来源。
2. 小汗腺——在我们全身产生水状、咸的汗液的汗腺。
天气寒冷的时候每天的汗液至少有500毫升，
天气炎热时或进行运动时则会有几升。
3. 皮脂腺——遍布全身毛发的根部。
它们会渗出一种叫皮脂的蜡状液体，使你的头发和皮肤光泽、湿润。
和大汗腺一样，皮脂腺只在青春期后才开始活跃。

当这些腺体渗出的体液来到你的皮肤上以后，
生活在你身上的各种细菌和真菌就会以它们为食并进行繁殖，
尤其是在那些温暖、潮湿、空气相对较少、被毛发覆盖的部位或皮肤相互接触的地方。

我们的体味是细菌活动的副产物，它的化学性质很“迷人”：
它是一种主要由脂肪酸、硫酰烷基醇和气味难闻的类固醇组成的混合物，
里面混合了丙酸细菌产生的醋丙酸、奶酪水果味的异戊酸、
酸败黄油味的丁酸和鸡蛋味的硫醇。

有趣的是，男性的体味闻起来更像奶酪味，女性的体味更像洋葱味，
这可能是因为男性的杰氏棒杆菌数量更多，而女性的溶血葡萄球菌数量更多。

那么，体味很不好吗?

从医学上看，有异味并没有什么问题，
但它往往暗示着卫生很差，这可能会产生问题。

太脏可能意味着你的整个微生物群（见p123）处于失衡状态，
某些细菌能够繁殖到足以引起疾病的状态。

我们认为体味是一种有用的人类进化工具，有助于识别群体和家人，
也在两性吸引和繁殖中发挥作用。

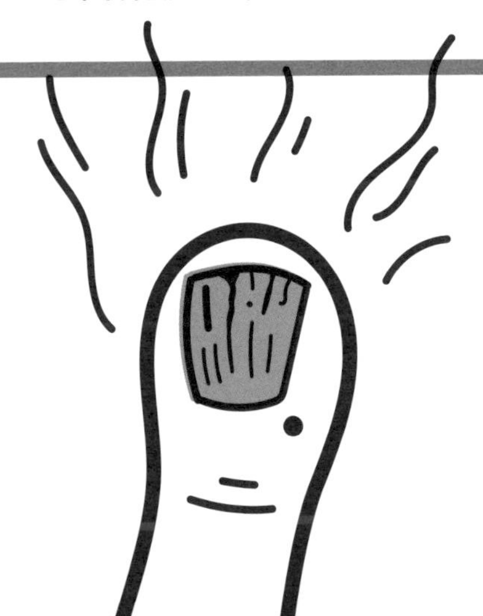

8.03 口臭

呼吸是一个强大到令人惊讶的过程，按平均寿命计算，人的一生中要进行大约4亿次呼吸。你的每一次吸入含有2.5×10^{22}个氧气分子，但你在呼出时失去的液体量惊人——每天大约320毫升的水。呼吸很有用，原因无须多言，但它为数不多的缺点之一是口臭。口臭可能让人非常尴尬，它也很难自我诊断，但家人、朋友和同事都不敢把你有口臭的事实告诉你。口臭主要是由口腔卫生不佳导致的。口腔后部生长着一种富含细菌的生物膜，这种生物膜与食物中的氨基酸相互作用，产生难闻的挥发性硫化物。但口臭还有许多其他潜在的原因，包括口干、食物卡住和低碳水化合物饮食，这些都可能导致呼吸中释放出过多的果味酮。口臭还可能是由一种叫作毛舌（见p.121）的情况引起的，这种情况更令人担忧。

口臭中的主要味道挥发物与你的屁中的挥发物非常相似（见p52），但它们的数量通常不同，使口臭具有独特的气味。你的口气中含有多达150种成分，但主要成分是硫化氢（臭鸡蛋味）、甲硫醇和二甲硫化物（腐烂卷心菜味）、三甲胺（臭鱼味）和吲哚（花味/狗屎味）。

研究表明，男性比女性更容易产生口臭，而更多用嘴呼吸而不是用鼻子呼吸的儿童更容易患有口臭。补充两条奇怪的小知识："口臭"这个词是由生产李斯德林漱口水的公司创造的（严格地说，是被重新发现），而"口臭恐惧症"是指即使没有口臭，也非常担心自己有口臭的状态。

气味的学问

气味总是由有味道的挥发物组合而成，
并不是由某一种引起的。西红柿中有400多种不同的挥发物，
巧克力有600多种，烘焙咖啡豆有1000多种
（但其中只有20~30种真正组成了我们最终感受到的香气）。

8.04 视力

我的冰箱里存放着羊眼球。我会为了科学舞台表演，长期准备十几只供我解剖的羊眼球。它们真的很迷人，这就是为什么我想告诉你一些令人惊奇的有关眼睛的事实，虽然它们没有任何粗鲁或尴尬的地方。眼睛的运动被称为扫视，你每天要进行25万次左右的扫视。其间进行的聚焦和重新聚焦，以及它们所吸收的数百万种不同颜色和强度的光，加在一起的信息量如此巨大，以至于你的大脑皮层有30%~50%的时间都用来处理这些信息。你的每只眼睛都有一个大得惊人的盲点，但大多数时候你都不会意识到它的存在，因为你的大脑填补了缺失的信息。找到盲点很容易，只要闭上一只眼睛，尽可能地伸展你的手臂，伸出一根手指。直视前方，慢慢地在视线范围内水平摆动手指，你会发现手指在离焦点不远的地方消失了。继续移动手指，它就会神奇地再次出现。

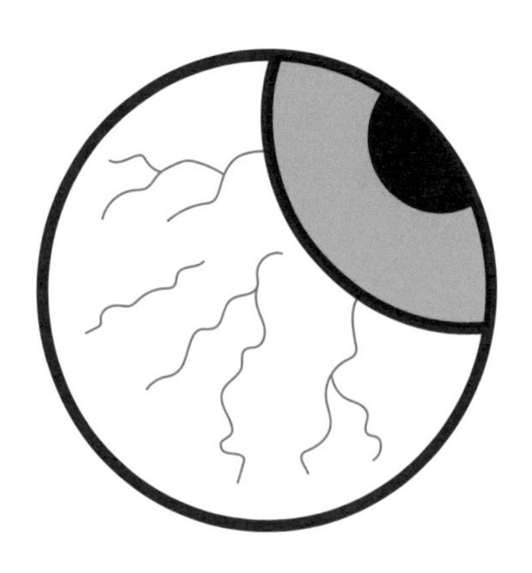

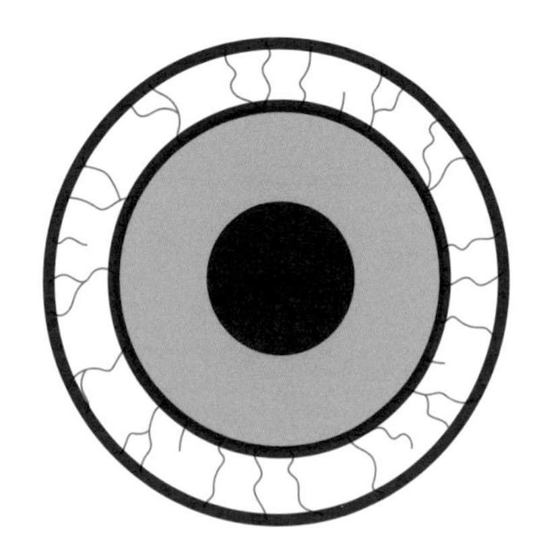

8.05 挠痒痒和抚摸

我的女儿们过去经常要求挠痒痒——轻柔地抚摸她们的后颈或前额——以促使她们入睡（她们管这叫“痒痒摸”*）。大白鲨也喜欢这样，只要在它的鼻子下面挠痒痒，就能让它进入半催眠状态。这种挠痒痒明显不同于大多数灵长类动物的挠痒痒（黑猩猩和大猩猩会发出喘气的声音，而不是笑声，但我们认为这是一回事），后一种挠痒痒引人发笑，更为喧闹，即使是老鼠宝宝也会被挠得发痒。

但是挠痒痒和抚摸有什么意义呢？它们都能触发大脑释放内啡肽，让我们感到放松、快乐，也更信任他人。我们无法给自己挠痒痒，当别人给自己挠痒痒时，大脑的反应是不同的。当你被另一个人挠痒痒时，身体感觉皮层（与触觉有关）和前扣带皮层（与快乐有关）的反应都更强烈，因为挠痒痒被认为是从“相互梳毛”演变而来的。梳理毛发和挠痒痒是孩子和父母之间重要的身体联系活动，而笑声（见p60）是社交场合中释放紧张情绪的重要工具。所有这些因素都有助于将人类结合在一起，形成更好的合作，而这往往是社会物种成功的本质。

你可以通过默克尔椎间盘、梅斯纳氏小体、鲁菲尼神经末梢和帕西尼小体等几种类型的触觉机械感受器感知痒痒。轻微的挠痒是通过皮肤表面附近

* 这是我从我妈妈那里学来的技巧，她总是用这个方法帮我入睡。她的指尖轻轻抚摸我，这样我的皮肤就会很舒服，但又不会很痒。我喜欢被这样抚摸，而且我发现自己在累的时候，经常用眼镜腿摩擦我的额头，这会让我感到放松和舒服。这是不是很奇怪？

的缓慢适应的默克尔椎间盘感知的，但用力挠痒痒更可能是通过更深的、蛋形的帕西尼小体感知的。二者的原理是一样的：无论哪个被挤压时，都会轻微变形，将神经脉冲以电流的形式通过微小的轴突（想象一下，超级细小的电缆连接着每个神经细胞）发送到大脑。梅斯纳氏小体感应精细的触摸和低频振动，而鲁菲尼神经末梢对拉伸有反应。

20世纪90年代末，科学家们在人类身上发现了一种被称为CT纤维的神经纤维，它会被轻柔的抚摸激活。这些神经纤维集中在头部、手臂、大腿和躯干上部，与大多数神经纤维不同，后者将信号发送给大脑的躯体感觉皮层进行处理。与之不同的是，CT纤维也会向岛叶皮层发送信息，岛叶皮层用于处理情绪，与处理他人想法及其意图的大脑区域有很强的联系。CT纤维似乎是被每秒3~5厘米的温和、缓慢的抚摸触发的，在温暖的环境下最为高效。如果在“痒痒摸”的最敏感受体中它排第二，那就没有别的受体能排第一了。

挠痒痒的学问

实验表明，集中在无毛皮肤，
尤其是指尖、手掌、嘴唇、舌头、阴蒂、阴茎和乳头位置的
梅斯纳氏小体触觉感受器，
能对仅有20毫克的压力做出反应——这仅相当于一只苍蝇的重量。

8.06 瘙痒和抓痒

瘙痒产生的机制有点儿神秘。对一个瘙痒点进行检查，除了常规的裸露神经末梢集中以外，几乎没有什么发现，而且我们对瘙痒感是如何产生的也知之甚少。它与痛觉有相似之处，但也有许多不同之处。例如，瘙痒只发生在最外层的皮肤、角膜或黏膜，而疼痛则可以发生在身体深处。此外，瘙痒让你想要抓挠，而疼痛让你想要防护或逃脱。

痒的感觉是由物理接触引起的（昆虫在你身上爬行或者羊毛纤维刺激你的皮肤），或由对蛋白质水解酶或组胺的化学反应引起的。事实上，引起瘙痒的原因有数百种，从花粉热和光皮炎（一种对阳光的反应）等过敏反应，到昆虫感染，皮肤疾病，细菌、真菌或病毒感染，以及对药物或疾病的反应。瘙痒也可能是由心理因素引起的（源自大脑），我必须承认，当我坐着写这篇文章时，就感觉非常痒。

对瘙痒做出的反应就是抓痒，抓痒通常让人感觉很好，但我们对它的了解同样很少。虽然你可能认为是否挠痒由你决定，但有时这可能是你几乎无法控制的反射行为。痒感被激起以后，附近的肢体（通常是手）会被自动送到该区域，并有节奏地移动来缓解痒痒的感觉。

你会在一些狗身上看到同样的情况（有时我的猫也这样）:在特定的地方抚摸它们会触发一种自动抓挠反应，它们的腿会在半空中“抓挠”，直到你的手停下来。

瘙痒的学问

我们并未充分理解“传染性瘙痒”的心理机制，
即仅仅谈论瘙痒或看到瘙痒的视觉元素，就能让人感到瘙痒。
这可能与有移情作用的“神经镜像”
这一奇怪（也鲜为人知）的概念有关，
它表明，仅仅是看着别人做一个身体动作，
比如挠痒痒，就会触发自己大脑中的神经活动，
反映出让别人挠痒痒的活动，
这在你的身上有效地复制了痒的感觉，
因此，痒是可以传染的。
还有一种名字奇异的“mitempfindung”或“指痒”的现象，
即身体一个部位的感觉会被指定转移到另一个部位。
这样，一个地方的抓痒、瘙痒和刺激，
可以在一个完全不同的地方被感觉到。

8.07 抽搐

大多数肌肉抽搐被称为肌束颤动。它可以发生在所有肌肉中，但最常见的是腿部和眼睑，我们对它知之甚少，因为它们是无害的，所以不值得研究。我们知道的是抽搐由神经的刺激引起，但并不确定激活发生在神经的哪个位置——抽搐经常发生在没有经受过任何神经刺激的肌肉上。刺激一旦发生，脊柱中的下运动神经元会发出信号，使大块的肌肉纤维收缩。抽搐可能是由睡眠太少或运动太多引发的，也可能与咖啡因摄入过量（我在读大学时曾因大量摄入咖啡因而遭受双腿抽搐的痛苦）和镁缺乏有关。

尽管一些抗癫痫药物可能会起作用，目前还没有任何治疗抽搐的可靠方法。通过改变生活方式来改善睡眠和饮食通常会有所帮助——但是说起来容易做起来难。为了治疗双腿抽搐，我去看了一位医生，医生说我每天喝4升健怡可乐和8杯咖啡并总是在半夜写文章的生活方式，不仅能让我的双腿抽搐，还会让我早早入土。

8.08 打哈欠

多年来，打哈欠都是一种我们以为自己理解的神经性怪癖。据说，打哈欠是一种有用的工具，可以提高血液中的氧气水平，以应对缺氧的情况。然而1987年发表的一篇论文，否定了两者之间的任何联系，但没有提供其他的解释，这让整个打哈欠的科学陷入了黑暗和困惑的状态，直到今天。

不像眨眼是快速和无意识的，打哈欠是一种缓慢的反射行为，你可以对它施加很多的控制。打哈欠是无聊和疲劳的反应，有时也是压力的反应。我们已知它能增加头骨的血液流动，并略微降低大脑的温度，但我们不知道这是否有任何意义。奇怪的是，你在一夜好眠后最容易打哈欠。

每个上过学的人都知道，就像微笑和大笑一样，打哈欠也是极容易传染的。即使是听到别人谈论打哈欠也会让你打起哈欠。我在写这篇文章的时候打了好大的哈欠，我怀疑你在读这篇文章的时候可能也打了个哈欠。最好的解释是，打哈欠是某种形式的移情信号，因此是把我们这样的社会物种联系在一起的一个小而有用的工具。

打哈欠甚至会在不同物种之间传染。看到人类打哈欠，狗狗也会打哈欠*，不管那个人是主人还是陌生人。这尤其奇怪，因为狗狗打哈欠更多是因为压力而不是无聊。在我说我们要去散步了，到我把所有必要的装备都准备好，然后真正离开家的这段曲折的时间里，我那只邋遢的猎犬“布鲁”会不停地

* 你可以在我写的另一本书《怪诞狗科学》里读到这个现象的具体描述。

夸张地打哈欠（打到舌头都卷起来）。对其他动物来说，打哈欠有各种各样的作用。狒狒打哈欠是一种威胁，企鹅打哈欠是求爱仪式的一部分，豚鼠打哈欠则是愤怒的表现。

打哈欠的学问

胎儿在子宫里就会打哈欠，昏迷的人也会打哈欠。
你可以闭着嘴打哈欠——我在很多会议上都这么做过——
但每个人都知道你在打哈欠，因为你的脸颊会鼓起来，
就和汤姆·克鲁斯试着坚定地做事时看起来一样。

第 9 章　肢体语言

9.01 肢体语言

让我们经常感到尴尬的不仅仅是我们的生理情况，还有我们向世界传递的形象，其中93%的信息传递被看作是非语言的。20世纪60年代，心理学家阿尔伯特·梅赫拉比安发现，只有7%的情感信息是由词语表达的。剩下的来自说话的语气（38%）和肢体语言（55%）。（梅赫拉比安表示，这个比例只适用于当某人专门谈论自己好恶的时候，但它的意义仍然非常重要。）

肢体语言也是一种强大的性选择工具。女性和异性恋男性对强壮男性舞蹈的评价比对柔弱男性舞蹈的评价要高，男性认为在月经周期中最易受孕阶段的女性跳舞和走路姿势明显更性感。

要注意的是，关于肢体语言的许多普遍观点并不像你以为的那么可靠。双臂交叉可能会给人有防御性或愤怒的印象，但也可以有相反的意思。昂首阔步的走路姿势通常被认为是外向和有冒险精神的表现，而缓慢、放松的走路姿势则被认为是冷静、自信的表现，但研究表明并不存在这种相关性。同样有趣的是，我们在通过肢体语言识别谁在说谎方面出了名地糟糕：警察、法医和法官辨别谎言的能力也只是比随机判断强一点点。

传统上认为，女性调情的肢体语言包括摸头发、摆弄衣服、眼神交流和点头表示同意。虽然这些都是调情的信号，但女性也会对自己不喜欢的男性发出同样的信号——大概是为了帮助她们获得足够的信息来决定是否要进一步发展这段关系。调情的肢体语言只有在持续超过4分钟的时候才是真正感兴趣的表现。

即使是假装的肢体语言也能极大地改变人们对你的看法。其中一个经典的面试技巧是：保持眼神交流。微笑和点头会增加你在面试中的机会，而避免眼神交流，保持静态的表情会增加你被拒绝的可能性。

假装的肢体语言甚至可以改变你自身的生物化学属性：假笑已被证明会让你感觉更好。在一项有趣的研究中，心理学家让他们的志愿者一半在玩赌博游戏前保持“高力量”的姿势两分钟，另一半保持“低力量”的姿势两分钟。在这场赌博中，两方赢的概率是完全均等的。那些保持“高力量”姿势的人更有可能参加赌博，也表现出睾酮水平升高，与压力相关的皮质醇水平下降。

你的姿势也可以控制情绪：坐直可以产生积极的情绪，而驼背坐着会让你感到消极。

美的学问

你的外表和脾气之间有一种奇怪的联系。
研究表明，漂亮的女人比不漂亮的女人更易怒。
你的性别也有很大的影响，男性通常比女性更易怒，
而身体强壮的男性比身体虚弱的男性更易怒。
年轻人也往往比老年人更易怒。

2021年发表在《英国皇家学会学报》
（*Proceedings of the Royal Society*）上的一篇文章称，

免疫功能和感知得到的面部吸引力之间也存在惊人的相关性。
研究发现，人们可被感知的魅力确实与健康和免疫能力有关。
总的来说，如果你很有吸引力，
你可能比那些不那么有吸引力的人更健康。
你不知道这让我多恼火。
虽然你的穿着与你的生理状况无关，
但它们与你的心理状况有很大关系，
而且有相当多的证据表明，
你衣服的颜色对你周围的人有很大的影响。
男性会坐在离穿红色衣服的女人更近的位置，问她们更私密的问题。
而女人看到穿不同颜色衬衫的男人时，
会认为穿红色衣服的男人地位更高、更有魅力。
瑞典有一项惊人的研究阐释了衣服的神秘力量。
研究人员给穿着三套不同衣服的女性拍照：
有人穿着不好看的衣服，有人穿着舒适的衣服，
还有人穿着她们自以为能增添魅力的衣服。
这些女性被要求在拍照时均采用一种中性的表情。
照片随后被展示给男性看，但不让他们看到女性所穿的衣服，
然后选出最具吸引力的女士。
尽管他们看不到衣服，女性的表情也很中性，
但男性更喜欢的照片始终是女士们穿着自认为
最有吸引力的衣服时拍摄的那些。

9.02 脸红

我们对脸红的原因知之甚少——查尔斯·达尔文称它为“所有表情中最奇特、最具人性的表情”。一部分问题在于研究起来非常困难。我们知道其中的原理：尴尬、害羞、对情爱的联想或激情引起的情绪压力使皮肤表面毛细血管的血液流动增加，使脸变红。这种发红会影响颈部、胸部和耳朵，让皮肤感觉发热发红。

脸红是不由自主的，因此通常被视为一种发自内心的情感表达。有一种理论认为，对于像我们这样的社会性动物来说，当我们感到羞愧时诚实地进行交流（不管我们是否愿意）是很重要的，因为这表明我们与让我们脸红的人拥有相同的规则和价值观。从某种意义上说，这是一种无声的道歉，也是一种我们与同伴拥有相同思考方式的信号，有助于建立群体关系。

但是，脸红可能会失控，让脸红的人非常难为情和焦虑。仅仅是告诉一些人他们脸红了，就会让人脸红，这是一种真正的社交恐惧症或社交焦虑障碍。

脸红的学问

脸部发红的原理与脸红相同，但却是一种不同的现象，
更多的是生理原因，而不是心理原因。咳嗽、吃辛辣食物、性交、
摄入咖啡因、脱水以及停止体育活动都可以引起脸部发红。
停止体育活动时血压升高，因为你的心跳加快，
推动更多的血液通过身体，超过你的肌肉所需要的量，
导致皮肤非常明显地发红。
饮酒会引发酒精潮红反应，
乙醛的积聚会导致身体许多部位的皮肤泛红——
30%~50%的中国人、韩国人和日本人对此敏感。

9.03 流泪

情绪性流泪是对不快乐、喜悦、愤怒甚至快乐的一种反应，但没有人真正知道我们为什么会流泪。我们从流泪中得不到任何生理上的好处，而且我们是唯一一种会因为情感而流泪的动物。有很多相关理论，但由于各种原因没有达成共识，一个重要的因素就是个体之间的巨大差异：有些人从不流泪。达尔文宣称，因情感而流泪“没有意义”，亚里士多德则认为眼泪和尿液一样是废弃物。**就连大哭一场能让人放松的观点也没有得到研究的支持。**

我们流泪最有可能的原因是它增强了人类的社交性：流泪是一种脆弱的表现，可以引起他人的同情。简而言之，它的进化逻辑是同情心将人类团结在一起，促进合作，这对我们作为社会物种的生存至关重要。流泪也有助于中和他人的愤怒（尤其是爱人和父母），对社会物种来说这也很有用——尽管如果我没记错的话，在学生时代，流泪也会激起恶毒的嘲讽。研究表明，只要注视一个人哭泣的照片50毫秒，就会激发对他们的友谊、同情和支持。

流泪的学问

2002年的一项研究发现，女性比男性更容易流泪。国际研究的结果令人惊叹。

国家	每4周流泪的频率	
	男性	女性
澳大利亚	1.5	2.8
巴西	1.0	3.1
保加利亚	0.3	2.1
中国	0.4	1.4
芬兰	1.4	3.2
德国	1.6	3.3
印度	1.0	2.5
意大利	1.7	3.2
尼日利亚	1.0	1.4
波兰	0.9	3.1
瑞典	0.8	2.8
瑞士	0.7	3.3
土耳其	1.1	3.6
美国	1.9	3.5

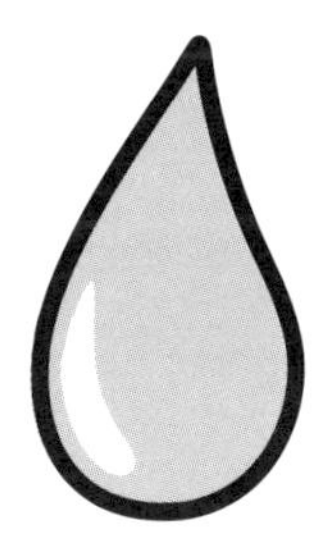

流泪时的羞耻感（0=没有羞耻感　7=很有羞耻感）

男性	女性
4.5	3.8
4.2	3.4
4.0	3.3
3.4	3.0
2.9	3.0
2.8	3.4
3.8	3.4
4.1	3.6
4.8	3.9
4.5	4.4
3.3	3.5
4.8	4.7
4.4	3.4
3.9	3.7

9.04 皱眉

“别皱眉，要保持微笑”这句常用语就像在宇航服里放了个屁一样不受欢迎。如果我皱着眉头，几乎可以肯定是有一个好到不能再好的理由让我这样，所以让我一个人静静才是明智的——不一定是因为我在生气，而是因为我在集中精力。这就是皱眉的神秘之处。

皱眉主要是由名字动听的皱眉肌产生的，它将眉毛向下拉到一起，在前额，有时也会在鼻梁位置形成水平的“波纹状”皱纹。达尔文在他的著作《人和动物的情感表达》（*The Expression of the Emotions in Man and Animals*）中把皱眉肌称为“困难肌”，因为人们使用它时往往在做精神或身体上困难的事情。但是没有证据表明皱眉有助于解决问题。事实恰恰相反，研究表明皱眉会让自己感觉更消极。

我们不清楚为什么会皱眉。皱眉不会传染（不像微笑、打哈欠和咳嗽），事实上它似乎是反同理心的，这意味着其他人不太可能受皱眉者情绪的影响。这使得它与将人类联系在一起的社交工具相反，但它也不一定是愤怒的表达（尽管皱眉肌也用于愤怒的表达）。皱眉和嘴角向下弯曲一样，也是对不愉快的一种反应。

皱眉的学问
注射了肉毒杆菌来减少皱眉和面部皱纹的人，
通常比没有注射肉毒杆菌的人感觉更快乐。
我讨厌这个事实。

9.05 微笑

根据美国心理学家保罗·埃克曼（Paul Ekman）的说法，人的脸上有42块不同的肌肉，可以做出上千种不同的表情，包括19种不同的微笑。任何微笑，哪怕是虚假的微笑，都对你的心灵有益。发表在《人格与心理学杂志》（*Journal of Personality and Psychology*）上的一项研究表明，仅仅是把脸挤成一个微笑（即使你只是因为研究人员的要求才这么做）就能让你感觉更好。因此，世界上最烦人的习语“别皱眉，要保持微笑”原来是一个很好的建议（所以也更烦人）。

更有趣的是微笑的相对诚实性。真正的微笑是短暂的，持续时间在0.6～4秒之间。超过这个长度就会看起来很恐怖，也不太可能是真诚的。

通过观察眼睛周围的眼轮匝肌收缩（使皮肤绷紧形成鱼尾纹）和颧大肌收缩（使嘴角上扬）就可以分辨出假的“非杜兴式”微笑*和真的“杜兴式”微笑。前面说到的两块肌肉在“杜兴式”微笑中都会用到，而非杜兴式微笑只涉及嘴唇，其他部位几乎不动。

有意思的是，它并不一定是有意识的伪装——婴儿有时也会做出“非杜兴式”微笑。5个月大的婴儿在母亲靠近时使用“杜兴式”微笑，而当陌生人靠近时使用“非杜兴式”微笑。幸福的夫妇在一天结束时用“杜兴式”微笑问候对方，而不幸福的夫妇使用的则是“非杜兴式”微笑。

* 1862年，法国解剖学家纪尧姆·杜兴（Guillaume Duchenne）首次识别出假笑和真笑之间的皱纹区别。

即使并不能表达真正的快乐或享受，“非杜兴式”微笑也是有用的，因为它们可以表示同意或默认。你可能会认为我们非常善于解读同伴的微笑，但研究表明，大多数人不会注意到两者之间的区别。不过话说回来，很多人发现他人朝自己微笑时，即使不是“杜兴式”微笑，也很难不用微笑予以回应。

然而，微笑似乎远没有大笑那么普遍，一些文化用它来表示尴尬或困惑。在有些国家，对陌生人微笑有时会被认为是奇怪或可疑的。有一次，我在斯拉夫蒂奇买伏特加时，试着对店员微笑，得到的结果比“非杜兴式”微笑还差得很远——那是一个让我脊背发凉的鄙视的眼神。我想，这也不算没有道理——她没有理由为一个不认识的外国人喝醉而高兴。

微笑的学问

很奇怪，女人看到其他女人对一个男人微笑会觉得他更有魅力。
同样的道理也适用于被很多女人包围的女人，
不管她们是否微笑。
然而男人却恰恰相反：
他们始终认为被男人包围的女人不那么有魅力。
这样难道不可悲吗？

参考文献

总体文献

Human Physiology by Gillian Pocock & Christopher D Richards (Oxford University Press, 2017)

Gray's Anatomy: The Anatomical Basis of Clinical Practice, edited by Susan Standring (Elsevier, 2020)

Anatomy, Physiology and Pathology by Ruth Hull (Lotus, 2021)

The Oxford Companion to the Body, edited by Colin Blakemore & Sheila Jennett (Oxford University Press, 2002)

2.02 鼻涕和鼻屎

'Cilia and mucociliary clearance' by Ximena M Bustamante-Marin & Lawrence E Ostrowski, *Cold Spring Harb Perspect Biol.* 9(4) (2017), a028241
ncbi.nlm.nih.gov/pmc/articles/PMC5378048/

'A guide for parents questions and answers: Runny nose (with green or yellow mucus)' (CDC)
web.archive.org/web/20080308233950/cdc.gov/drugresistance/community/files/GetSmart_RunnyNose.htm

'Rhinotillexomania: Psychiatric disorder or habit?' by JW Jefferson & TD Thompson, *J Clin Psychiatry* 56(2) (1995), pp56–9
pubmed.ncbi.nlm.nih.gov/7852253/

'A preliminary survey of rhinotillexomania in an adolescent sample' by C Andrade & BS Srihari, *J Clin Psychiatry* 62(6) (2001), pp426–31
pubmed.ncbi.nlm.nih.gov/11465519/

'$PM_{2.5}$ in London: Roadmap to meeting World Health Organization guidelines by 2030' (Greater London Authority, 2019)
london.gov.uk/sites/default/files/pm2.5_in_london_october19.pdf

2.04 耳屎

'Cerumen impaction: Diagnosis and management' by Charlie Michaudet & John Malaty, *Am Fam Physician* 98(8) (2018), pp525–529
aafp.org/afp/2018/1015/p525.html

'Impacted cerumen: Composition, production, epidemiology and management' by JF Guest, MJ Greener, AC Robinson et al, QJM 97(8) (2004), pp477–88
pubmed.ncbi.nlm.nih.gov/15256605/

2.06 呕吐

'Self-induced vomiting' (Cornell Health)
health.cornell.edu/sites/health/files/pdf-library/self-induced-vomiting.pdf

2.07 脓液

'What are the pathogens commonly associated with wound infections?'
medscape.com/answers/188988-82335/what-are-the-pathogens-commonly-associated-with-wound-infections

2.10 痂

'The molecular biology of wound healing', *PLoS Biol.* 2(8) (2004), e278
ncbi.nlm.nih.gov/pmc/articles/PMC479044/

2.11 汗液

'Diet quality and the attractiveness of male body odor' by Andrea Zuniga, Richard J Stevenson, Mehmut K Mahmut et al, *Evolution and Human Behavior* 38 (1) (2017), pp136–143
sciencedirect.com/science/article/abs/pii/S1090513816301933

2.15 舌苔

'The effect of tongue scraper on mutans streptococci and lactobacilli in patients with caries and periodontal disease' by Khalid Almas, Essam Al-Sanawi & Bander Al-Shahrani, *Odontostomatol Trop*, 28(109) (2005), pp5–10
pubmed.ncbi.nlm.nih.gov/16032940/

'Impact of tongue cleansers on microbial load and taste' by M Quirynen, P Avontroodt, C Soers et al, *Journal of Clinical Periodontology* 31(7) (2004), pp506–510
onlinelibrary.wiley.com/doi/abs/10.1111/j.0303-6979.2004.00507.x

'Tongue-cleaning methods: A comparative clinical trial employing a toothbrush and a tongue scraper' by Dr Vinícius Pedrazzi, Sandra Sato, Maria da Glória Chiarello de Mattos, Elza Helena Guimarães Lara et al, *Journal of Periodontology* 75 (7) (2004), pp1009–1012
aap.onlinelibrary.wiley.com/doi/abs/10.1902/jop.2004.75.7.1009?rfr_dat=cr_pub%3Dpubmed&rfr_id=ori%3Arid%3Acrossref.org&url_ver=Z39.88-2003

3.03 嗝

'Hiccups: A new explanation for the mysterious reflex' by Daniel Howes, *BioEssays* 34(6) (2012), pp451–453
ncbi.nlm.nih.gov/pmc/articles/PMC3504071/

3.06 咳嗽

'ACCP provides updated recommendations on the management of somatic cough syndrome and tic cough', *Am Fam Physician* 93(5) (2016), p416
aafp.org/afp/2016/0301/p416.html

3.11 叹气

'The science of a sigh' (University of Alberta) ualberta.ca/medicine/news/2016/february/the-science-of-sighing.html

'The integrative role of the sigh in psychology, physiology, pathology, and neurobiology' by Jan-Marino Ramirez, *Prog Brain Res* 209 (2014), pp91–129
ncbi.nlm.nih.gov/pmc/articles/PMC4427060/

4.01 皮肤科学

'Human skin microbiome: Impact of intrinsic and extrinsic factors on skin microbiota' by Krzysztof Skowron, Justyna Bauza-Kaszewska, Zuzanna Kraszewska et al, *Microorganisms* 9, 543 (2021)
mdpi-res.com/d_attachment/microorganisms/microorganisms-09-00543/article_deploy/microorganisms-09-00543-v2.pdf

5.02 经血

'A kiss is still a kiss – or is it?' (University at Albany)
albany.edu/campusnews/releases_401.htm

'Kissing in marital and cohabiting relationships: Effects on blood lipids, stress, and relationship satisfaction' by Justin P Boren, Kory Floyd, Annegret F Hannawa et al, *Western Journal of Communication* 73(2) (2009), pp113–133
scholarcommons.scu.edu/comm/9/

5.06 肚脐

'A jungle in there: Bacteria in belly buttons are highly diverse, but predictable' by Jiri Hulcr, Andrew M Latimer, Jessica B Henley et al, *PLoS One* 7(11) (2012), e47712
ncbi.nlm.nih.gov/pmc/articles/PMC3492386/

5.10 人类尾巴

'An infant with caudal appendage' by Jimmy Shad & Rakesh Biswas, *BMJ Case Rep* (2012)
ncbi.nlm.nih.gov/pmc/articles/PMC3339178/

6.02 头发

'The stumptailed macaque as a model for androgenetic alopecia: Effects of topical minoxidil analyzed by use of the folliculogram' by Pamela A Brigham, Adrienne Cappas & Hideo Uno, *Clinics in Dermatology* 6 (4) (1988), pp177–187
sciencedirect.com/science/article/abs/pii/0738081X88900843

6.04 鼻毛和耳毛

'Does nasal hair (Vibrissae) density affect the risk of developing asthma in patients with seasonal rhinitis?' by AB Ozturk, E Damadoglu, G Karakaya et al, *Int Arch Allergy Immunol* 156 (2011), pp75–80
karger.com/Article/Abstract/321912

6.06 胡须

'A genome-wide association scan in admixed Latin Americans identifies loci influencing facial and scalp hair features' by Kaustubh Adhikari, Tania Fontanil, Santiago Cal et al, *Nature Communications* 7, 10815 (2016)
nature.com/articles/ncomms10815

'Negative frequency-dependent preferences and variation in male facial hair' by Zinnia J Janif, Robert C Brooks & Barnaby J Dixson, *Biology Letters* 10 (4) (2014)
royalsocietypublishing.org/doi/10.1098/rsbl.2013.0958

'The role of facial hair in women's perceptions of men's attractiveness, health, masculinity and parenting abilities' by Barnaby J Dixson & Robert C Brooks, *Evolution and Human Behavior* 34 (3) (2013), pp236–241
https://www.sciencedirect.com/science/article/abs/pii/S1090513813000226

6.07 眉毛和睫毛

'Supraorbital morphology and social dynamics in human evolution' by Ricardo Miguel Godinho, Penny Spikins & Paul O'Higgins, *Nature Ecology & Evolution* 2 (2018), pp956–961
nature.com/articles/s41559-018-0528-0

'The eyelash follicle features and anomalies: A review' by Sarah Aumond & Etty Bitton, *Journal of Optometry* 11 (4) (2018), pp211–222
sciencedirect.com/science/article/pii/S1888429618300487

6.08 阴毛

'The search for human pheromones: The lost decades and the necessity of returning to first principles' by Tristram D Wyatt, *Proceedings of the Royal Society B* 282 (1804) (2015)
royalsocietypublishing.org/doi/10.1098/rspb.2014.2994

7.01 细菌

'Revised estimates for the number of human and bacteria cells in the body' by Ron Sender, Shai Fuchs & Ron Milo, *PLoS Biology* 14(8) (2016), e1002533
biorxiv.org/content/10.1101/036103v1

7.07 在我们体内产卵的虫子

'Biomechanical evaluation of wasp and honeybee stingers' by Rakesh Das, Ram Naresh Yadav, Praveer Sihota et al, *Scientific Reports* 8, 14945 (2018)
nature.com/articles/s41598-018-33386-y

8.02 体味

'MHC-dependent mate preferences in humans' by Claus Wedekind, Thomas Seebeck, Florence Bettens et al, *Proceedings of the Royal Society B* 260 (1359) (1995)
royalsocietypublishing.org/doi/10.1098/rspb.1995.0087

'Diet quality and the attractiveness of male body odor' by Andrea Zuniga, Richard J Stevenson, Mehmut K Mahmut et al, *Evolution and Human Behavior* 38 (1) (2017), pp136–143
sciencedirect.com/science/article/abs/pii/S1090513816301933

8.03 口臭

'Halitosis – An overview: Part-I – Classification, etiology, and pathophysiology of halitosis' by GS Madhushankari, Andamuthu Yamunadevi, M Selvamani et al, *Journal of Pharmacy and Bioallied Sciences* 7 (6) (2015), pp339–343
jpbsonline.org/article.asp?issn=0975-7406;year=2015;volume=7;issue=6;spage=339;epage=343;aulast=Madhushankari

9.01 肢体语言

'More than just a pretty face? The relationship between immune function and perceived facial attractiveness' by Summer Mengelkoch, Jeff Gassen, Marjorie L Prokosch et al, *Proceedings of the Royal Society B* 289 (1969) (2022)
royalsocietypublishing.org/doi/10.1098/rspb.2021.2476

9.02 脸红

'The puzzle of blushing' by Ray Crozier, *The Psychologist* 23 (5) (2010), pp390–393
thepsychologist.bps.org.uk/volume-23/edition-5/puzzle-blushing

9.03 流泪

'International study on adult crying: Some first results' by AJJM Vingerhoets & MC Becht, *Psychosomatic Medicine* 59 (1997), pp85–86, cited in 'Country and crying: prevalences and gender differences' by DA van Hemert, FJR van de Vijver & AJJM Vingerhoets, *Cross-Cultural Research* 45(4) (2011), pp399–431
pure.uvt.nl/ws/portalfiles/portal/1374358/CrossCult_Vijver_Country_CCR_2011.pdf

9.04 皱眉

'Facilitating the furrowed brow: An unobtrusive test of the facial feedback hypothesis applied to unpleasant affect' by Randy J Larsen, Margaret Kasimatis & Kurt Frey, *Cogn Emot* 6(5) (1992), pp321–338
pubmed.ncbi.nlm.nih.gov/29022461

9.05 微笑

'Inhibiting and facilitating conditions of the human smile: a nonobtrusive test of the facial feedback hypothesis' by F Strack, LL Martin & S Stepper, *J Pers Soc Psychol* 54(5) (1988), pp768–77
pubmed.ncbi.nlm.nih.gov/3379579/

索引

致谢

从我记事起，我就敬畏地看着父亲沉浸在书中。我拼命想成为和他一样的人，吸收世界上所有的知识和故事，看起来聪明得要命。所以，从我能读书开始，就把自己投入到每一本我能读到的书上，每天晚上带着手电筒上床，以便在被窝里多读一个小时。直到很久以后，我才想到，妈妈把手电筒放在我的床头柜上就是这个目的。我不挑书。8岁的时候我读了陀思妥耶夫斯基的《罪与罚》，当然，我并不明白拉斯科尔尼科夫陷入了怎样的困境，但这并不重要，因为我很自豪能像父亲一样坐在那里：吸收文字，倾听声音，沉浸在故事中，这让我感到自豪。所以我想对我父亲说一声：非常感谢，感谢你让我成为一个有好奇心的人。如果这本书冒犯到了任何人，怪我父亲好了。

孕育这本充斥脓液和呕吐物之书的过程中，有几个人让我保持清醒——感谢斯泰西·克莱沃斯和莎拉·拉维尔以及Quadrille团队的其他成员，你们很棒。抱歉，和过去一样，我总是迟到。感谢卢克·伯德的精彩插图，总是能理解我的用意。感谢黛西、波皮和乔治亚忍受了我的身体和心理的缺席。感谢DML的可爱团队：扬·克罗克森、博拉·加森、路易丝·莱夫维奇和梅根·佩奇。感谢安德烈亚·塞拉（Clever Fella团队）和所有精彩的科学节团队，他们在过去15年里接受（忍受）了我。我还要感谢一大群幕后的研究人员，他们以严谨和热情研究了最奇怪、最精彩的科学，使得我可以谈论他们的成果，并以此逗你开心。一如既往，感谢布罗迪·汤姆森和伊丽莎·哈兹伍德。

感谢Hourglass咖啡提供的思考和创作的空间，以及一些绝顶美味的咖啡（旁边还另配了一壶热牛奶）。

最后，非常感谢我们优秀的观众，他们来到我的节目中，陪伴我们在舞台上做一些真的很恶心的科学探索，还和Gastronaut团队一起笑得屁滚尿流。我爱你们！

著作权合同登记号：第06-2022-166号。

图书在版编目（CIP）数据

怪诞人体学 / (英) 斯蒂芬·盖茨著；张晨译. —
沈阳：辽宁科学技术出版社，2023.8
ISBN 978-7-5591-2981-9

Ⅰ.①怪… Ⅱ.①斯… ②张… Ⅲ.①人体学—普及读物 Ⅳ.①Q98-49

中国国家版本馆 CIP 数据核字 (2023) 第 061322 号

出版发行：辽宁科学技术出版社
（地址：沈阳市和平区十一纬路 25 号　邮编：110003）
印 刷 者：辽宁新华印务有限公司
经 销 者：各地新华书店
幅面尺寸：145mm × 205mm
印　　张：5.5
字　　数：150 千字
出版时间：2023 年 8 月第 1 版
印刷时间：2023 年 8 月第 1 次印刷
责任编辑：张歌燕　殷　倩
装帧设计：袁　舒
责任校对：徐　跃

书　　号：ISBN 978-7-5591-2981-9
定　　价：49.80 元

联系电话：024-23284354
邮购热线：024-23284502
E-mail:geyan_zhang@163.com